Slow
Reading
慢读识堂奥·重读悟世界

◎ 精装插图版

# 把信送给加西亚

## A MESSAGE TO GARCIA

[美]阿尔伯特·哈伯德 著　余 小 译

江西人民出版社
Jiangxi People's Publishing House

图书在版编目(CIP)数据

把信送给加西亚/(美)哈伯德(Hubbard. E.)著；
余小译.—南昌:江西人民出版社,2015.12
ISBN 978-7-210-07910-1

Ⅰ.①把… Ⅱ.①哈… ②余… Ⅲ.①职业道德-通俗读物 Ⅳ.①B822.9-49

中国版本图书馆 CIP 数据核字(2015)第249771号

## 把信送给加西亚

(美)阿尔伯特·哈伯德 著 余小 译

江西人民出版社出版发行

地址：江西省南昌市三经路47号附1号(邮编:330006)

编辑部电话：0791-86898980

发行部电话：0791-86898801

网址：www.jxpph.com

E-mail:jxpph@tom.com web@jxpph.com

2015年12月第1版 2019年4月第7次印刷

开本：880毫米×1230毫米 1/32

印张：6.5

字数：130千字

ISBN 978-7-210-07910-1

赣版权登字—01—2015—802

版权所有 侵权必究

定价：29.80元

承印厂：河北鹏润印刷有限公司

赣人版图书凡属印刷、装订错误，请随时向承印厂调换

## 原作者序

## 成就此书的因缘

《把信送给加西亚》这本小册子是在一天晚饭后写成的，写的时候仅仅用了一个小时。那是1899年2月22日，正是华盛顿的诞辰日，其时，我们正准备出版三月份的《菲士利人》。

当我在辛苦的一天结束后写下这本小册子之后，我心潮澎湃。要知道，当时我正努力地教育那些行为不良的市民们提高觉悟，重新振作起来，不要再浑浑噩噩、无所事事。

写作这本小册子的灵感尽管只是来自于一个喝茶时关于美西战争的小小辩论，但这种灵感在当时对我却像是火花一样闪亮。当时，大家都认为美西战争的英雄是古巴起义军首领加西亚将军，但我的儿子却认为罗文才是美西战争中真正的英雄。因为他只身一人，靠一己之力完成了一件了不起的事情——把信送给加西亚。

辩论之后，灵感的火花在我脑海中一直闪烁。是的，孩子是对的，英雄就是那些做了自己应该做的工作的人——就是能把信送给加西亚的人。于是，我从桌子旁跳了起来，奋笔疾书写下了这本名为《把信送给加西亚》的小册子。之后，我毫不犹豫就将此文章刊登在了当月的《菲士利人》杂志上。不料，杂志第一版很快脱销。紧接着，请求加印三月份《菲士利人》的定单像雪片般飞来。订购一打、订购50份、订购100份……后来美国新闻公司订购了1000份。于是，我问了一个助手，究竟是哪篇文章引起了如此这般的轰动，他的回答是："有关加西亚的那篇。"

第二天，我又收到了纽约中心铁路局的乔治·丹尼尔发来的一份电报："订购10万份以小册子形式印刷的《把信送给加西亚》……请报价……"

这完全出乎我的意料，要知道，以我们当时的设备，要印刷这10万份《把信送给加西亚》需要用两年的时间。于是我只好给了他报价，并如实告诉他我们实际的印刷情况。后来我们协商好，丹尼尔可以以自己的方式来印刷这10万册《把信送给加西亚》。没想到，他最后竟然发行了50万册！

有此发行佳绩，一夜之间，《把信送给加西亚》被200家杂志和报纸刊登、转载，这篇小文章可以说是一夜成名。如今，它更是被翻译成了各种文字，在全世界流传。

就在丹尼尔发行《把信送给加西亚》之时，俄罗斯铁道大臣西拉克夫亲王凑巧也在纽约。其时，他受纽约政府之邀来访，丹尼尔亲自陪同他参观纽约。更为凑巧的是,亲王也看到了这本小册子并对它产生了浓厚的兴趣。回国之后,亲王立即让人将它译为俄文,并发给俄罗斯铁路工人,人手一册。

此后,其他国家也纷纷效仿俄罗斯,开始引进并翻译《把信送给加西亚》,于是,这本小册子又从俄罗斯流向了德国、法国、西班牙、土耳其、印度和中国。日俄战争期间,每一位上前线的俄罗斯士兵人手一册《把信送给加西亚》。后来,日本人在俄罗斯士兵的遗物中发现了这些小册子。于是,此书又有了日文版本。日本天皇下了一道命令:所有日本政府官员、士兵乃至平民都要人手一册《把信送给加西亚》。

迄今为止,《把信送给加西亚》的印数高达 4000 万册。可以说在一个作家的有生之年,在所有的文学生涯中,没有人可以获得如此殊荣,也没有一本书的销量可以达到这个数字!

整个历史就是由一系列的偶然事件所构成的。

阿尔伯特·哈伯德
1913 年 12 月 1 日

1914年《把信送给加西亚》作者插图，纽约东奥罗拉公司出版

**出版者序**

# 你为什么不成功？

在当今职场上，有许多整日在不同公司之间穿梭的人，但他们的忙碌并非为了工作，而是忙于四处寻找工作。他们曾经在许多公司任过职，从事过不同的职业，但他们也总是失业。随之而来的是他们对生活充满了抱怨和痛苦。但是，他们中有几个人知道自己抱怨的其实并不是导致失业的最主要原因呢？事实上，正是这种抱怨行为泄漏了一个秘密——他们倒霉的处境是自己一手造成的。

他们总是抱怨公司的老板；抱怨工作时间过长；抱怨公司管理制度过严……抱怨使他们摇摆不定，也使他们的发展道路越走越窄，最终一事无成；抱怨使他们思想肤浅、心胸狭窄，也使他们与公司的理念格格不入，最终只好被迫离开。他们的无奈留给人们深刻的印象，甚至让人产生一种错觉，那就是经济不景气，以致对劳动力的需求减少。然而，事实并非如此。事实是，在很多企业的很多岗位，有很多空缺职位都没有合适的人填补。在报纸上、网络上、电视上，到处都张贴着"诚聘职员"的广告，许多老板也正急切地想找到能为自己所用的人才。

之所以出现一方面人员过剩，另一方面人才匮乏的现象，就是因为社会需要的是那些受过良好的职业训练、勤奋敬业、对老板忠诚的员工，是那些自动自发地员工！而非那些投机取巧、马虎轻率、嘲弄抱怨、缺乏主动进取精神的平庸劳动力。

每个雇主总是在不断地寻找能够助自己一臂之力的人，同时也在抛弃那些不起作用的人——任何阻碍公司发展的人都要被拿掉。每个商店和工厂都有一个持续的整顿过程。雇主会经常送走那些显然无法对公司有所贡献的员工，同时也吸引新的员工进来。不论业务多么繁忙，这种整顿会一直进行下去。只有当公司不景气、就业机会不多的情况下，整顿才会出现较佳的成效——那些不能胜任、没有敬业精神的人，都被摈弃在就业的大门之外，只有那些勤奋能干、自动自发的人才会被留下来。

说到自动自发，很多员工都觉得这只对公司和老板有好处，其实，真正受益的却是自己。勤奋地对待工作，人们就能从工作中学会更多的知识，积累更多的经验，体味到工作的乐趣，而不是仅仅将工作当作是一种谋生的手段来应付。一个人如果只盯着温饱，那他得到的永远只有温饱；如果把心思都放在勤奋工作上，在工作中充分挖掘自己的潜能，发挥自己的才干，那么在实现自我价值的同时，也会赢得老板的器重、获得更多升迁和受奖励的机会，随之而来的便是丰厚的回报。

职业是人的使命所在，是人类共有和崇尚的一种精神。敬业就是一个最基本的要求。敬业就是尊重自己的工作，将工作当成自己的事，具体表现为忠于职守、尽职尽责、认真负责、一丝不苟、善始善终地完成自己的工作。它是最基本的做人之道，也是成就事业的重要条件。敬业对每一个员工来说既是最基本的要求也是最高级的期许。敬业意味着做好自己的本职工作：警察应该尽职尽责去为民众服务；政府官员应该勤奋思考并执行政策；企业职员应该给顾客提供高质量的服务、生产高质量的产品……每个人都做一行爱一行，全社会都充满敬业的风气，才会最终促进人类的发展和进步。

然而，在时下那些以玩世不恭的态度对待工作的人看来，要求员工敬业完全是老板剥削、愚弄下属的手段。如此一来，要他们对老板忠诚就像天方夜谭一样可笑！殊不知，老板和员工并不是对立的。对老板来说，公司的生存和发展需要职员的敬业和忠诚；对员工来说，他们需要的是丰厚的物质报酬和精神上的成就感。从表面上看，彼此之间存在着对立，然而，在更高的层面上，两者又是和谐统一的——老板需要忠诚、有能力的员工，业务才能发展；员工必须依赖公司的业务平台才能发挥自己的才智！因此，聪明的老板会给员工公平的待遇，而员工也会以自己的忠诚来回报老板。

一个对工作不负责任的人，往往是一个缺乏自信的人。因为当他把工作推给他人的时候，实际上也是将自己的信心转移给了他人。这个世界总是只为那些具有真正的使命感和自信心的人大开绿灯。无论出现什么困难，无论前途看起来是多么的暗淡，自信的人总是相信自己能够把心目中的理想变成现实。当一个人具备了某种品德，能接纳自己，心灵变得成熟起来，他就会欣喜地发现自己是一个自信的人了。是时候改变了——自动自发地做好自己的事情，那时，命运之神会再次垂青你，奖励属于你自己的成功！

# 前言
## 社会呼唤"罗文"

如果你为一个人工作，以上帝的名义：为他干！

如果他付给你薪水，让你得以温饱，为他工作——称赞他，感激他，支持他的立场，和他所代表的机构站在一起！

如果能用重量衡量，一盎司忠诚相当于一磅智慧！

在一切有关古巴的事情之中，有一个人经常从记忆深处浮出脑海，让我时刻难以忘怀。

在美西战争爆发前夕，美国必须立即跟西班牙的起义军首领加西亚将军取得联系。然而，此时加西亚正在古巴广阔的丛林里——没有人知道他确切的藏身地点，所以根本没有办法带信给他。然而，美国总统麦金莱又必须尽快地与他取得联系，以便双方展开合作。此事已经迫在眉睫。

怎么办呢？这时，有人对总统说："如果有人能把信送给加西亚的话，那这个人一定是罗文。"于是，总统派人找到了罗文，并交给他一封写给加西亚的信。至于接下来的事情——比如，那个叫罗文的人，是如何拿了信，把它装进一个牛皮纸袋里、封好，放在胸口藏好；再经过3个星期的徒步跋涉，穿过一个危机四伏的国家，最终顺利地把那封信交给了加西亚——这些细节我不再赘述，事实上，这本来也不是我想说的。我想要强调的重点是，当麦金莱总统把写给加西亚的信交给罗文，罗文接过信之后，并没有问："他在什么地方？他长什么样子？怎样才能找到他？"

像罗文这样的人，我们就应该为他塑造不朽的雕像，放在所有的大学里，以表彰其精神。要知道，年轻人所需要的不仅仅是学习书本上的知识，也不仅仅是聆听他人种种的指导而已，他们更需要的是一种敬业精神：

**对上级的托付，应立即采取行动，并全心全意去完成任务——"把信送给加西亚"。**

如今，加西亚将军已不在人世，但现在还有其他的"加西亚"。如果有这样的一家企业——那里虽然人数众多，但令人惊讶的是，大多数人对工作都持着懒懒散散、漠不关心、马马虎虎的态度；还有一些人根本没有能力或者不愿意集中精力去做一件事，试想这样的企业有谁能够将其经营好？

久而久之，这种懒懒散散、漠不关心、马马虎虎的态度已经成为常态，此时，领导除非苦口婆心，外加威逼利诱地叫下属帮忙，或者是出现奇迹——上帝派一名助手给他，否则，没有哪个领导可以把事情办成。不信的话，我们现在就来做个试验：你可以坐在办公室里，外面有6个随时待命的下属。你可以把其中一个叫来，对他说："请帮我查一查百科全书，然后把查理的生平做成一篇摘录。"他会静静地说："好的，先生。"然后就去执行吗？我敢说他绝不会。他会做的是死死地盯着你，然后满脸狐疑地提出一个或多个问题："查理是谁呀？他已经去世了吗？哪套百科全书？百科全书放在哪儿？这是我的工作吗？为什么不叫大卫去做呢？着急吗？你为什么要查他？"

我敢以十比一的赌注跟你打赌，在你回答了他提出的所有问题，解释了怎样去查那些资料以及你为什么要查这个人的理由之后，那个下属会走开，然后立马去找另外一个人来帮助他查你要的资料，然后，他会再回来对你说：查无此人。当然，我也可能会输掉。

真的，如果你够聪明的话，你就不会对你的"助理"解释：查理编在什么类，而不是什么类，你会满面笑容地说："算啦。"然后自己去查。

就是这种被动的行为，这种道德的愚行，这种意志上的脆弱和惰性，这种姑息的作风，有可能把这个社会带到崩溃沦陷的危险境界。如果人们都不能为了自己而自动自发地行动，你又怎能期待他们为他人采取行动呢？

比如，你登了广告要招聘一名速记员，然而，在所有应征者中，十个倒有八九个既不会拼也不会写，他们甚至都不认为这些是应聘速记员的必要条件。

这样的人能把信送给加西亚吗？

曾经在一家大公司里，总经理对我说："你看看那个职员。"

"我看到了，他怎么了？"

"他是个很不错的会计，不过，如果我派他到城里去办个小差事，他可能把任务完成，但也可能在去的路上就走进一家酒吧，等到他到了市区，就完全忘记自己是去干什么的了。"这种人你能派他去把信送给加西亚吗？近来，我们听到了许多人对那些"拿着廉价工资并且永无出头之日的工人"和"为求温饱而工作的无家可归人士"表示同情，同时把那些"剥削者"骂得体无完肤。

但是，从来没有人提到过，那些"剥削者"从年轻时候开始就一直在花费时间和精力去促使那些不求上进的懒虫们积极主动起来做点正经的工作；也从来没有人提到，有多少"剥削者"长久以来，一直在耐心地想感动那些他一转身就投机取巧、敷衍了事的员工，想使之勤奋起来。

在每个商店和工厂里，都有一些常规的整顿工作。老板们经常会送走那些显然对公司没有贡献和作为的员工，当然，同时也会添加新鲜的血液，会吸收新的成员进来。不论企业业务多么忙碌，这种整顿工作一定要进行。只有当公司业绩不景气、就业机会不多，整顿工作才会出现比较好的成绩——那些不能胜任、没有才能的人，都被摒弃在公司的大门之外，只有最能干的人，才会被留下来。为了自己的利益，每个老板都只会保留那些最佳的职员——那些能把信送给加西亚的人。这就是一个优胜劣汰的过程。

我认识一个有真材实料的人，但是他没有自己独立创业、经营的能力，对他人来说也没有一丝一毫的价值，因为他老是疯狂地怀疑他的雇主在压榨他，或者存心要压迫他。他没有能力指挥其他人，也不愿意被别人指挥。如果你要让他去把信送给加西亚，他的回答极有可能是："你自己去吧。"

当然，我知道，像这种道德不健全的人比那些肢体不健全的人更不值得同情。相反的，我们更应该对那些穷毕生精力去经营一个大企业的人报以同情，因为他们不会因下班铃声的响起而放下工作；他们也因为努力促使那些对工作漠不关心、工作中偷懒被动、没有良心的员工不至于太离谱而华发渐增。要知道，如果没有这些努力和心血，那些员工可能会挨饿并无家可归。

我是不是说得太严重了？有可能吧。不过，就算整个世界变成了贫民窟，四周都是落魄之人，我也要为成功者说几句同情的话——在成功概率极小之时，他们承受着压力，导引别人，终于获得了成功；但他们从成功中得到了什么呢？除了食物和衣物，其他的什么也没有。

我也曾经为了一日三餐而替他人工作，也曾当过给他人一日三餐的老板，这两者之间的甘甜苦乐我都深知其味。贫穷没什么好的，更加不值得推崇，衣衫褴褛更不值得炫耀和骄傲。但我们要知道并非所有的老板都是所谓的"剥削者"，集贪婪、专横于一身，还采取高压手段压榨员工，就像并非所有的人都是良善之辈一样。并且，我敢打赌说，很多老板都还是很富有美德的。

我钦佩的是那些无论老板在不在办公室都会努力工作的人，我也钦佩那些能够把信送给加西亚的人。当你把信交到他的手里，他会静静地把信拿去，不会提出任何愚蠢的问题，更不会随手把信丢进臭水沟里，而是不顾一切地想方设法把信送到。这样的人永远不会被解雇，也永远不会为了要求加薪而罢工。

文明，就是孜孜不倦地寻找这种人才的一段长远过程。

这种人不论要求何种事物都能得以实现。每个城市、村庄、乡镇以及每个办公室、商店、工厂，都需要这种人加入其中，他们在每个地方都会受到热烈欢迎。

世界急需这种人才，这种能够把信送给加西亚的人。

谁能把信送给加西亚呢？

# 目 录

- I ················ 原作者序：成就此书的因缘
- V ················ 出版者序：你为什么不成功？
- IX ················ 前言：社会呼唤"罗文"

001 ················ **第一部分　把信送给加西亚**

003 把信送给加西亚

003 总统之命/ 004 临危受命/ 008 前路漫漫/ 015 海上困境/ 018 丛林遇险/ 025 将军风采/ 031 踏上归路

036 一本可怕的书

038 你能把信送给加西亚吗？

047 ················ **第二部分　自动自发**

049 第一章　怎样对待工作——主动

049 自动自发，主动争取机会 / 056 选择自己感兴趣的工作／062 珍惜自己的第一份工作／066 尽力掌握必要的工作技能／069 别把工作当成苦役／073 每一件事都值得你去做／076 享受工作的乐趣／081 拖拉和逃避是一种恶习／085 即使是最平庸的工作，也要做到尽职尽责／089 要做就要做到最好／095 超越平庸，追求完美／101 不要被动服从，而要主动开拓／105 机会来源于埋头苦干

## 109 第二章　怎样提升自己——积极

109 诚实正直是做人最基本的品质／116 忠诚敬业是每个领导都关心的品质／120 要有容人之量／125 勤奋刻苦，提升自己／130 勇于追求卓越／135 迎难而上，坚持不懈／140 常怀一颗感恩的心／144 使自己变得不可替代／148 热忱是工作的灵魂／155 好好省察自己的内心／160 你是自己最大的敌人／163 主宰自己的思想／167 不做自己心灵的奴隶

| | | |
|---|---|---|
| 171 | ………… | 附录Ⅰ　1899 年首版《把信送给加西亚》原文 |
| 182 | ………… | 附录Ⅱ　安德鲁·罗文与本书 |
| 184 | ………… | 附录Ⅲ　哈伯德商业信条 |

# 第一部分
## 把信送给加西亚

A MESSAGE TO GARCIA

1899年第一版《把信送给加西亚》扉页,纽约东奥罗拉公司出版

# 把信送给加西亚

## 总统之命

美国与西班牙的战争一触即发，总统麦金莱急切地希望得到有关情报，因为他认识到，此时美国军队必须和古巴的起义军密切配合才能取得这场战争的胜利。因此，他必须要掌握西班牙军队在古巴岛上的战略部署情况，包括士气、军官尤其是高级军官的性格、古巴的地形、一年四季的路况以及交战双方包括西班牙军队和起义军及整个国家的医疗状况、双方装备，等等。除此之外，总统还希望能了解在美国军队集结期间，古巴起义军需要什么样的帮助才能困住敌人以及其他许多重要情报。

当务之急就是找到能把信送给加西亚的人。

"到哪里才能找到能把信送给加西亚的人？"麦金莱总统问情报局长阿瑟·瓦格纳上校。

"我有一个人选——一个年轻的中尉，安德鲁·罗文。"

上校不假思索地回答道,"如果能有人把信送给加西亚的话,那这个人就是罗文。"

"派他去!"总统下了命令。

总统的命令就这三个字,如同上校的回答一样,干脆果断。

## ◎ 临危受命

一个小时以后,大约中午时分,瓦格纳上校通知我下午1点钟到军部去。等我到了军部,上校什么也没说,而是直接带我上了一驾马车,车棚四周被遮得严严实实的,看不清行驶的方向。车里光线幽暗,空气也很沉闷,但一向以幽默著称的上校率先以他惯有的方式打破了沉默,他问道:"下一班去往牙买加的船什么时候开呀?"听了这话,我略感惊讶,迟疑了1分钟,然后回答他:"一艘名为安迪伦达克的轮船明天中午会从纽约港出发。""那你能赶得上这艘船吗?"上校的问题明显没有了刚才的幽默,而是显得很急切。但我想他也许不过是在开开玩笑,调节气氛而已,于是也半开玩笑地回答他:"可以,没问题。"

"那你准备准备,一会儿就出发吧!"上校回答说。

紧接着,上校一脸严肃地对我说:"年轻人,现在总统派你去完成的是一项神圣使命——把信送给加西亚将军。他可能在古巴东部的一个地方等你。但没有人知道他的确切位置,你需要自己想办法找到他。你必须把情报如期、安全地送到加西亚将军的手里,这事攸关美利坚合众国的国家利益。"

直到这个时候,我才意识到瓦格纳上校并没有跟我开玩笑,活生生的事实就摆在我的面前。

紧跟着,马车停在了一栋房子面前,瓦格纳上校带着我走了进去。进门之后,我发现总统麦金莱先生就坐在一张桌子后面,目光和蔼、坚定地看着我。我知道,我的人生正面临着一次严峻的考验。但是,我也知道,此时的情形已经不容许我有任何的犹豫和疑问。我静静地站立在那里,从总统手中接过信——给加西亚将军的信。

总统没有任何语言,但是在把信递给我之后,他伸出自己的双手紧握着我的手,以坚定、信任的目光注视着我。一种军人崇高的荣誉感瞬间填满了我的胸膛。

瓦格纳上校紧接着对我说:"这封信里有我们想了解的一系列问题。但是,除此之外,你要避免携带任何可能暴露你身份的东西。要知道,历史上已经有太多这样的悲剧了,我

们不能再冒险了。独立战争中大陆军的内森·黑尔、美墨战争中的里奇中尉都是因为身上携带着情报而被捕的，其直接后果就是不仅他们牺牲了生命，还使得机密情报被敌人破译。所以，这次我们决不能再失败了，你一定要确保万无一失。"

"下午就去准备，"瓦格纳上校嘱咐说，"军需官哈姆菲里斯会把你送到金斯顿上岸。在此之后，如果美国对西班牙宣战，许多战略计划都将根据你发来的情报做出，否则我们将不知所措。这项任务全权交给你一个人去完成，你必须把信送给加西亚。以后所有的事全靠你自己了！"

直到我临出门，瓦格纳上校还在叮嘱："一定要把信送给加西亚！"

与总统和上校分别后，我一边忙着为接下来的行程做准备，一边思考这项任务的艰巨性，我了解其责任重大且复杂异常。如今，美西之间的战争还没有爆发，甚至在我启程或者到了牙买加之后仍然没有爆发，但是，只要稍有闪失，后果都将不堪设想。如果双方宣战，我的任务反倒减轻了，尽管其中的危险并没有减少。

当这种情况出现之时，在一个人的荣誉甚至生命处于极度危险之际，我完全不需要考虑太多，因为服从命令是军人的天职。要知道，军人的生命属于国家，但军人的名誉却属于自己。我知道，考验我的时候到了！正所谓受命于危难之际！并且，这一次，我无法按照任何人的指令行事，我必须自己一个人负责把信送到加西亚的手中，并从他那里获得宝贵的情报。

我不知道秘书是否有把我跟总统和瓦格纳上校的谈话记录在案，但现在情况紧急，已经不容我多想。现在我满脑子就只想一件事：如何行动才能将信送给加西亚？

## 前路漫漫

火车在第二天中午 12 点零 1 分准时开车。我遵从命运的安排，为了国家和荣誉踏上了新的征程。

牙买加是前往古巴的最佳途径，而且我听说在牙买加有一个古巴军事联络处，或许从那里可以发现一些关于加西亚将军的蛛丝马迹。于是，我登上了阿迪伦达克号，轮船准时起航。一路上，我尽量不和其他的乘客搭讪，以防无意间走漏风声。途中还算风平浪静，没有发生什么事情。

然而，在轮船进入古巴海域之后，我开始意识到了危险的存在。因为我身上带着美国政府写给牙买加官方用来证明我身份的材料,如果轮船进入古巴海域前,战争已经爆发,根据国际法,西班牙人肯定会上船搜查,一旦他们发现这些材料就可以逮捕我,并把我当作战犯来处理。而这艘英国船也会被扣押,尽管战前它挂着中立国的旗帜,航程也是从一个平静的港口驶往一个中立国的港口。

想到问题的严重性,我立即把相关材料藏在了头等舱的救生衣里,直到看见船尾顺利地绕过海角才如释重负。

第二天早上9点我登上了牙买加的领土,并设法四处寻找古巴军人的联络处。功夫不负有心人,很快我就找到了,因为牙买加是中立国,古巴军人的行动是公开的,因此我很快就和他们的指挥官拉伊先生取得了联系。在那里,我和他一起讨论了如何才能尽快地把信送到加西亚将军的手里。

4月8日,我离开华盛顿;4月20日,我用密码向统帅部发出了我已到达牙买加的消息。次日一早,我收到密电回复:"尽快见到加西亚将军。"

接到密电后,我立马来到古巴军人联络处的指挥部。在场的有几位流亡的古巴人,这些人我以前从未见过。当我们正在讨论具体的行动方案时,一辆马车快速驶了过来。

"出发吧!"车上的人用西班牙语喊道。

接下来,我还没来得及再说些什么,就被带到了马车之上。于是，一个军人服役以来最为惊险的一段经历拉开了帷幕。

马车夫是一个沉默寡言的人，丝毫不理睬我，我说什么他也都充耳不闻。马车在迷宫般的道路上疯狂地奔驰着，速度丝毫不减。也许他知道我要尽快送信给加西亚，而他的任务就是更快地把我送到目的地。

我三番五次想跟他搭讪，但都无济于事。他根本对此无动于衷，于是我只好坐回到原来的位置，任凭他把马车驶向远方。

马车穿过市区，驶入一片茂密的热带森林，然后穿过一片沼泽地，进入平坦的西班牙城镇公路，最后停在一片丛林边上。马车门从外面被打开了，我看到一张陌生的面孔，然后就被要求换乘早已在此等候的另一辆马车。这一切真是太神奇，什么都好像是早已经安排好的，人们交接之间一句多余的话也不用说，一秒钟都没耽搁。于是，一分钟之后我又一次踏上了征途。

第二位车夫和第一个一样沉默不语，他洋洋自得坐在车驾上，任凭马车飞奔，当然，我想和他说话的努力也同样是白费力气。之后，马车带着我们穿过了一个西班牙城镇，来到了克伯利河谷，然后再进入岛的中央，那里有条路直通圣安斯加勒比海碧蓝的水域。

车夫仍然默不作声。沿途我一直试图和他搭话，他似乎不懂我说的话，甚至连我做的手势也不懂。马车在飞奔。太阳落山之时，我们来到一个车站。

不对，那些从山坡上向我们滚落下来黑乎乎的东西是什么？难道是西班牙当局预料到我会来，安排牙买加军官来抓捕我？想到这里，我立马警觉起来，双手不自觉地握紧了。好在，结果是虚惊一场。原来，那黑影是一位年长的黑人给我们送吃的来了，他带来的是满满一篮子美味的炸鸡块和啤酒。看见我们，他兴奋地用当地的方言跟我们说着话，虽然我只能隐隐约约听懂其中的几个单词，但好在我懂得他是在向我表示敬意，因为我在帮助古巴人民赢得自由。他给我送来吃的喝的，是想表达自己的一份心意。

不过是做了自己应该做的，却换来人们如此的敬意，我有些激动。不过，那位车夫却像是一个局外人，对炸鸡、啤酒和我们的谈话同样毫无兴趣。

又换了两匹马，在车夫用力地一扬鞭之后，我们又出发了。我赶紧向黑人长者告别："再见了，老人家！"顷刻间，我们便以飞快的速度消失在夜幕中。

虽然我充分认识到自己所担负的送信任务的重要性，但

沿途的热带雨林风光依然吸引了我的目光。我不禁感慨，这里的夜晚和白天一样美丽，所不同的是，白天，阳光下的热带植物花香四溢，而夜晚则是昆虫的世界，处处引人入胜。

当我穿越森林看到这一独特景观时，仿佛进入了仙境。

然而，一想到自己所肩负的使命，我很快便从眼前这些美丽的景色中收回了目光。马车继续向前飞奔，只是马儿渐渐地显得有些体力不支了。突然间，丛林里响起了刺耳的哨声。

很快，马车停了下来，一群全副武装的人包围了我们这两人一马。我倒不怕在英国管辖的地方遭到西班牙士兵的拦截，只是这突然的停车让我一阵紧张。因为，如果牙买加当局事先得到消息，认为我的行为违反他们的中立原则的话，他们就会阻止我前行。

好在我的这种担心是多余的。在跟他们小声地交谈一番之后，我们又被放行上路了。

大约1小时过后，我们的马车停在了一栋房屋前，虽然房间里闪烁着的灯光昏昏沉沉，但推开门一看，等待着我们的居然是一顿丰盛的晚餐。这是联络处特意为我们准备的。

首先为我们端上来的是牙买加朗姆酒。闻着牙买加特有的朗姆酒酒香，我们已经记不起自己的疲倦，忘记了颠簸9个小时之久的马车之旅，忘记了我们已经奔波了70英里，人马也已经换了两班，满屋子仿佛只有朗姆酒的芳香。

不过，很快又有指令传来。与此同时，隔壁屋里走出来一个又高又壮的人，此人留着长须，显得十分果断干练。他坚毅的外表，可靠、忠诚的眼神，无一不显示出他高贵的身份。他叫格瓦西奥·萨比奥，由于对西班牙旧制度提出质疑而从墨西哥被流放到古巴，因为对地形的熟悉和反对西班牙的坚定信念而被派到这里来负责给我做向导，直到把信送到加西亚将军手里。

自此，格瓦西奥也加入到我的任务中来，在接下来更为艰难的征途中，他将陪伴我直到任务圆满结束。

休息1小时后我们继续前行。在走了离那座房子不到半小时的路程之后，又有人吹口哨，我们只好停下来，下了车步行前进。悄悄地走过一英里的荆棘之路，走进一个长满可可树的小果园。这里离海湾已经很近了。

离海湾不远的地方停着一艘渔船，就在我们到达岸边的时候，船里几乎同时闪出一丝亮光。我猜这一定是联络信号，因为我们是悄无声息地到达的，不可能被其他人发现。格瓦西奥显然对船只的警觉很满意，做了回应。接着我们和军人联络处的护送人员匆匆告别，至此，我完成了给加西亚送信的第一段路程。

## 海上困境

我们很快上了小船。格瓦西奥成了船长,船上原来的船长、船员和我成了他的船员。为避免夜长梦多,我跟格瓦西奥说,希望能尽快走完离海岸3英里远的水路,但是他告诉我船必须绕过海峡,因为狭小的海湾风力不够,无法航行。我们很快就离开了海峡,正赶上微风,险象环生的第二段行程就这样开始了。

要知道,向北100英里便是古巴海岸,全副武装的西班牙轻型驱逐舰经常在此出没。他们装备先进——船上装着小口径的枢轴炮和机枪,船员们手里都有毛瑟枪。他们的武器比我们先进,这一点是我后来了解到的。如果我们与之狭路相逢,他们随便拿起一件武器,就会让我们丢掉性命。

但是我们必须成功,必须找到加西亚将军,亲手把信交给他。我们的行动计划是,日落以前一直待在距离古巴海域3英里的地方,然后快速航行到某个珊瑚礁上,等到天明。如果我们被发现,因为身上没有携带任何文件,敌人得不到任何证据,即使敌人发现了证据,我们也可以将船凿沉,留给敌人几具尸体。

　　清晨，海面空气清爽宜人。劳累了一天的我正想小睡一会儿，突然格瓦西奥大喊一声，我们全都站了起来。可怕的西班牙驱逐舰正从几英里外的地方向我们驶来，他们用西班牙语命令我们停船。

　　其他人都躲到船舱里去了，只剩下船长格西瓦奥一个人掌舵。这时，船长懒洋洋地斜靠在长舵柄上，将船头与牙买加海岸保持平行。

　　"如此这般，他们也许认为我是一个牙买加来的渔夫，也许就会放我们过去。"船长就是船长，不仅临危不惧，还保持着清醒的头脑。

　　果然不出格瓦西奥所料，就在驱逐舰快要跟我们亲密接触的时候，舰上年轻的舰长用西班牙语冲我们喊道："钓到鱼没有？"

　　我们的船长也用西班牙语回答说："没有，白白忙活了一个早上，该死的鱼就是不上钩！"

　　当驱逐舰远离我们一段距离后，格瓦西奥命令我们吊起风帆，并转过身对我说："先生，如果你累了想睡觉的话，现在就可以放心地睡了，现在看来，危险已经暂时过去了。"

　　我如释重负，在接下来的几个小时里美美地睡了一觉。

看见我醒来,那些古巴人亲切地问候我:"睡得好吗,罗文先生?"

听到人们的问候,我向他们露出了连日来少有的笑容。再看船外,蓝天碧海,海鸟此起彼伏,大海深处,海天一色,岸边热带丛林郁郁葱葱,美不胜收,简直就是一幅美妙神奇的风景画。不过,我没有沉醉于这绝世美景,因为我发现格瓦西奥下令收帆减速,我不理解其中的深意。于是,格瓦西奥对我说:"我们离战区越来越近,我们要充分利用在海上的优势,避开敌人,保存实力。如果再快速前进,很可能马上就被敌人发现,白白送命。我们不能冒这个险。"

船速很快减了下来,我们开始检查武器。由于我只带了一支左轮手枪,于是他们又发给我一支来福枪。船上的人都配备有这种武器。水手们护卫着桅杆,随手拿起身边的武器。这次任务中最为严峻的时刻到了——到目前为止我们的行程都还是有惊无险。危急关头就要来临,被逮捕即意味着死亡,送信给加西亚的使命也将功亏一篑。

午夜时分,船帆开始松动,船员开始用桨划船。正好赶上一个巨浪袭来,没有费多大力气,小船便被卷入一个隐蔽的小海湾。于是,我们摸黑把船停在离岸上有 50 码的地方。我建议大家立即上岸,但格瓦西奥想得更加周到,他说:"先生，我们现在腹背受敌，最好是待在原地，观察清楚之后再伺机而动。"还是格瓦西奥比较谨慎。

最后终于有惊无险，凌晨时分，船员们开始忙着往岸上搬东西。之后又找了个地方把小船藏了起来。

在这样一个美妙的早晨，我伫立在岸边，不禁心潮起伏，仿佛在我的面前有一艘巨大的战舰，上面刻着我最崇拜的人——美洲的发现者哥伦布的名字，一种庄严的使命感油然而生。

送信给加西亚的第二段行程也有惊无险地过去了。

## 丛林遇险

很快，我的美梦就结束了，船上的东西也卸完了，我被带到岸上。我知道，从现在开始，前路将更加艰辛。此时，在古巴的土地上，西班牙军队残忍地四处杀戮，无论对方是荷枪实弹的军人还是手无寸铁的平民。但无论前路多么艰险，我也要一直向前，直到把信送到加西亚将军手里。

我们登陆的地方好像是几条路的交汇点，通往北部的地方有一条绵延约1英里的平坦土地，被丛林覆盖。男人们忙着开路，古巴的路网就像迷宫，炎炎的烈日炙烤着我们。此时，我真羡慕同行的伙伴，因为他们身上没有多余的衣裳。

我们继续前行。海和山遮住了我们的视线，浓密的叶子、曲折的小路、灼热的阳光，使我们每前进一步都要付出巨大的努力。这里到处是青翠的灌木丛，但离开岸边到达山脚下，景色就全然不同了。我们很快就到了一个空旷的地方，意外地发现几棵椰子树。椰子汁既新鲜又凉爽，对嗓子都快冒烟的我们来说，简直是琼浆玉液。

不过，此地不宜久留，夜幕降临以前我们还要走几英里路。翻过几个陡峭的山坡，跨过另一个隐蔽的空地，很快我们就进入了真正的热带雨林。这里的路比较平坦，微风吹过，尽管察觉不到，却也给人以心旷神怡的感觉。

穿过森林就进入波迪罗到圣地亚哥的"皇家公路"。当我们靠近公路时，我发现同伴们一个个消失在丛林里，只剩下我和格瓦西奥两人，正想转过身去询问他时，却看到他将手指放到嘴边示意我不要出声，赶快拿起枪，然后他也消失在丛林里。

我很快明白了他的用意。耳边也随即响起了马蹄声、西班牙骑兵的军刀声和偶尔发出的命令声。

如果没有高度的警惕性，也许我们早就已经走上了公路，

那样恰好会与敌人撞个正着。

我敏捷地扳动来福枪的保险，焦急地等待，等待听到枪声。但没有一点声音，我们的人一个个都回来了，格瓦西奥是最后一个。

"我们分散开，目的是麻痹敌人，不被他们发现。我们都分头行动，假如枪声响起，敌人一定会以为这是我们设下的埋伏。"格瓦西奥露出可惜的神色，"真想戏弄敌人一下，但是任务第一，游戏第二，对不对？"

在起义军经常出没的地区，人们有个习惯——他们会点起火用火灰烤红薯，经过这里的人饿了就可以拿起来吃。恰巧我们发现了这么一个小火堆，烤熟的红薯一个个传给饥饿的战士，然后我们把火埋掉，继续前进。

此时，我想起了古巴的英雄们。他们之所以在艰苦的条件下能取得一个又一个的胜利，是因为他们热爱自己的祖国，有一种发自内心的争取民族解放的强烈信念支撑着他们与敌人展开不屈不挠的斗争。我们的先辈和他们一样，为了民族的尊严顽强奋战。想到自己所肩负的使命能够帮助这些爱国志士，作为我们国家的士兵，我感到无上光荣。

就在一天的行程快要结束的时候，我注意到一些穿着十分奇怪的人。"他们是谁？"我问道。"他们是西班牙军队的逃

兵,"格瓦西奥回答说,"他们是从曼查尼罗逃过来的,因为他们不堪忍受军官们的虐待和食不果腹的饥饿。"

逃兵有时也是有用的,但此刻,我宁愿他们就待在营里,因为谁能保证他们当中没有奸细,不会向西班牙军队报告一个美国人正越过古巴向加西亚将军的营地进发?敌人要是知道这些的话,肯定会想方设法地阻止我完成任务。所以我对格瓦西奥说:"必须仔细审问这些人,并看管好他们以防他们随意离开。"

"是,先生!"他回答说。

为了确保任务万无一失,我下达了这个命令,要知道,小心驶得万年船。后来的事实证明,我的这一想法是对的,他们中的确有人想逃走去向西班牙人报告。虽然这些人并不知道我的使命是什么,但我的出现引起了其中两个人的怀疑,这两人后来被证明就是间谍,他们甚至差点把我杀死了。当时的情况是这样的,晚上突然有两个人离开营地钻进灌木丛,当然我们后来才知道他们是想去给西班牙人通风报信。

起因是,半夜我突然被一声枪响惊醒,睁开眼一看,我的吊床前突然出现了一个人影,我急忙站起来。这时对面又出现一个人影,很快用大刀将第一个人影砍倒,从右肩一直砍到肺部。这个人临死前供认,他们已经商量好,如果同伴没有逃出营地，他就杀死我，阻止我完成任务。所幸的是，后来他们被哨兵开枪打死了。

第一道鬼门关就这样被我闯了过来。

不过，接下来的很长时间我们都无法行进，当时我十分焦急，但无济于事。直到第二天晚些时候，我们才得到足够的马和马鞍。马鞍有些硬，不好用。于是，我有些不耐烦地问格瓦西奥，能不能不用马鞍行走。"加西亚将军正在围攻古巴中部的巴亚摩，"他回答道，"我们还要走很远才能到达他那里。"这也就是我们到处找马和马鞍的原因。我们要骑马走四天，假如没有马鞍，我们的结局一定很惨。

离开了营地我们沿着山路继续向前走。山路弯弯，如果向导不熟悉道路，定然会陷入绝境。但我们的向导似乎对这迂回曲折的山路了如指掌，他们如履平地般行进着。

经过艰苦的跋涉，我们来到了亚拉，亚拉是古巴历史上的圣地。古巴1868—1878年"十年独立战争"就由此发源，所以，这个地方整天都有古巴士兵在守着这些战壕。

第二天早晨，我们开始攀登西拉梅斯特拉山的北坡，我们行经的小路一侧是悬崖峭壁。沿着蜿蜒曲折的小路一直往前走，我们都小心翼翼，因为这里很可能有埋伏，西班牙人的移动部队很可能把这里变成我们的葬身之地。

在我的一生中，从未见过如此野蛮地对待动物的行为，因为为了让可怜的马走下山谷，我们不得不残酷地抽打它们，看着这些可怜的马儿，我们也很难过，但是没有办法，信必须送到加西亚将军手上。

我所经历的最为艰难的旅程总算告一段落了。这个地方位于基巴罗的森林边缘，我们停在一个小草房前，周围是一大片玉米地。房子的椽子上挂着刚砍下的牛肉，厨师们正忙着准备一顿大餐，庆贺美国特使的到来，大餐既有鲜牛肉，又有木薯面包。我到来的消息传遍了这里的每个角落。

## 将军风采

刚吃完丰盛的大餐，忽然听到外面一阵骚乱，森林边上传来说话声和阵阵马蹄声。原来是瑞奥将军派卡斯特罗上校代表他来欢迎我，他告诉我将军也将在第二天早上赶到。上校下马的姿势十分优美，动作十分敏捷，一看就是训练有素的军人。此前，格瓦西奥已经先我一步去打探加西亚将军的消息，我原本还担心接下来的路程，但卡斯特罗上校的到来使我确信，我又遇到了一个经验丰富的好向导。卡斯特罗上校赠送我一顶标有"古巴生产"的巴拿马帽。

第二天早上，瑞奥将军到了。他被称作"海岸将军"，皮肤黝黑，是印第安人和西班牙人的混血儿。他步履矫健，身姿挺拔，足智多谋，多次成功地击退西班牙人的进攻。他擅长游击作战，擅长与敌周旋，给敌人以沉重的打击。敌人多次想抓捕他，但都无功而返。

这一次，瑞奥将军派200人的骑兵部队护送我。这些骑兵训练有素，骑术相当高超。很快我们又重新进入了森林。经过又一段的丛林旅行，我们终于在4月30日的晚上来到了巴亚莫河畔的奥布伊，其时，我们离巴亚莫城还有20英里。这时格瓦西奥又出现了，脸上露出满意的微笑。

"先生，告诉你一个好消息，加西亚将军就在巴亚莫。西班牙军队已撤退到考托河一带了。"听到这个消息，我颇为激动。由于急于想与加西亚将军取得联系，所以我建议连夜出发，但我的建议没有被采纳。

第二天，也就是1898年5月1日，这注定是一个不同寻常的日子。当我在古巴森林里睡觉的时候，美国海军上将正冒着枪林弹雨进入马尼拉湾，向西班牙战舰发起进攻。就在我给加西亚送信的途中，他用大炮击沉了西班牙的战舰，形成对马尼拉城的巨大威胁。

形势已经不容我再耽搁，于是第二天天还没亮我们就出发了，从山坡上往下骑直达巴亚莫平原。

一路上，我看到饱经战火的乡村满目疮痍。这些被战火毁坏的废墟，是西班牙军队罪恶的铁证。在骑马走了100英里之后，我们终于来到一片平原。我们经历了无数艰难险阻，顶着烈日，跨过无数荆棘，来到了这片美丽的土地，虽然它饱受战火煎熬，但依然是一片充满希望的热土。

一想到我们即将到达目的地，所有的苦难都抛在脑后。任务即将完成，筋疲力尽的马也仿佛在分享我们急迫的心情。

功夫不负有心人，终于，我们来到了加西亚将军的驻地，漫长而艰难的旅途行将结束。我们终于成功了！当天，当地的报纸发布消息说："古巴将军说罗文中尉的到来在古巴军队中引起巨大轰动。"

当我来到加西亚将军指挥部门前，看到迎风飘扬的古巴旗帜时，内心的激动难以言表。我们排成一队，纷纷下马。将军认识格瓦西奥，所以卫兵让格瓦西奥进去了。不一会儿，他和加西亚将军一同走出来。将军热情地欢迎我，并邀请我和助手进去。将军将我一一介绍给他的部下，这些军官全都穿着白色军装，腰间佩戴着武器。

幽默无所不在。联络处送来的信上称我为"密使"，可翻

译却把这个词翻译成"自信的人"。早饭过后,我们开始谈论正事。我向加西亚将军说明了我所执行的军事任务,一是将离开美国时总统给我的书信交给将军,另外一个就是总统和作战部想知道有关古巴东部形势的最新情报(之前我国曾派两名军官来到古巴中部和西部,但他们都没到达目的地)。美国有必要了解西班牙军队在古岛上的战略部署情况,包括士气、军官尤其是高级军官的性格、古巴的地形、一年四季的路况以及交战双方包括西班牙军队和起义军及整个国家的医疗状况、双方装备以及任何与美国作战部署有关的信息。其中最重要的一点是美军与古巴军队的联合作战计划。我还告诉将军我国政府希望我能全面了解古巴军队的各种信息,以便全力配合。加西亚将军沉思了一会儿,让所有的军官退下,只留下他的儿子加西亚上校和我。

大约下午3点的时候,将军回来了,他告诉我,他决定派3名军官陪我回美国。这3名军官都是古巴人,个个训练有素、经验丰富、知识渊博,了解自己的国家,他们完全有能力回答以上所有的问题。即便我在古巴逗留几个月,也不一定能做出一个完整的报告,还不如直接问他们。并且因为时间紧迫,美国越早获得情报,对双方越有利。

他进一步解释说,他的部队需要武器,特别是大炮,主要用来摧毁碉堡；另外部队还需要弹药及步枪，以便重新武装队伍。

接下来，加西亚将军派了一位著名的指挥官——克拉左将军、赫尔南得兹上校、对当地各种疾病特征都非常了解的约塔医生以及两名水手随我一起返回美国。如果美国决定为古巴提供军事装备，他们一定能在运送物资的路途中发挥作用。

"还有什么问题吗？"

在这长途跋涉的9天里，我一直希望能踏遍古巴的土地，以便给总统一个满意的答案。但面对将军如此周密的安排和问话，我毅然地回答道："没有了！先生。"

加西亚将军有着敏锐的洞察力。他的建议使我免除了几个月的劳累，为我们的国家争取了时间，也为古巴人民赢得了时间，这对整个战争的胜利是非常重要的。

接下来的两个小时里，我受到了热情的款待。正式的宴会结束后，我被护送到大门口。我走到大街上，很惊奇没有看到原来的向导和原来的同伴。原来，格瓦西奥本想陪我回美国，但加西亚将军没有同意，因为南部海岸的战争还需要他，而我要从北部返回。我只得向将军表达了我对格瓦西奥和他的船员的感激之情。我以纯拉丁式的拥抱与将军告别，然后骑上马,与三位护送人员一起向北疾驰。

我终于把信交给了加西亚将军!

## 踏上归路

给加西亚将军送信的行程充满了危险,归国路也同样的凶险,同样的重要。

在来的路上,我得到了生活在这个美丽国度的很多人的帮助,他们给我做向导,勇敢地保护着我。如果没有他们,我不会这么顺利、快速地把信送到加西亚将军的手上。而在返回的途中,战争已经爆发,西班牙的士兵还在到处巡逻,不放过每一个海岸,不放过每一个海湾、每一条船。他们随时都可能把我当作一个间谍,一旦被发现就意味着死亡。面对咆哮的大海,我在想,成功永远不只是一次航行,而是连续不断的艰苦航行。但是我们信心十足,因为我们必须成功。当然,我们仍须努力,只有努力才能成功,不然我的使命就会前功尽弃。

返程的路上,同伴们也和我一样担惊受怕。我们随时保持着高度的警觉,小心翼翼地越过了古巴,朝北行进,来到西班牙军队控制下的考托。这是一个河口，停泊着几艘小炮艇，对面有一个巨大的碉堡，里面装着大炮，瞄准河口。

如果被西班牙士兵发现，我们就全完了。但是，勇敢是我们最大的武器。不过，就在我们准备出发的时候，风暴突然降临。在如此波涛汹涌的海上我们不能轻举妄动，但是即使原地等候也同样危险。现在是满月，假如飓风把云彩吹散，敌人就会发现我们的行踪。

但是，命运掌握在我们自己手中。

11点钟我们上了船，天空乌云密布，遮住了月亮，敌人无法发现我们。我们一人掌舵，四人划桨。渐渐地已看不见远去的要塞，或者更精确地说，要塞里的人已看不见我们。我们在水中艰难跋涉，总算没有听到大炮的轰鸣声和机枪的扫射声。我们的小船摇摇晃晃，有好几次差点翻过来，但好在水手们了解水性、经验丰富，我们渡过难关，得以继续航行。

极度的疲倦、航行的单调，困意向我们袭来。

不久，一个巨浪袭来，差点把小船掀翻，小船浸满了水，于是大家睡意不再，赶紧往外舀水。好在漫长难熬的夜晚就要过去了，远方天空已经有了鱼肚白。不久，太阳就从远方的地平线上钻了出来，霎时，水面上洒满了金光。

"快看，先生！"突然有人喊了一声。我们一下子紧张了起来。难道是西班牙战舰？要知道，如果真是这样的话，我们就在劫难逃了。

还没等我反应过来，一位船员又用西班牙语喊了几声，其他同伴也都用西班牙语应和着。

莫非真是西班牙战舰？

万幸，不是西班牙战舰，是桑普顿将军的战舰。他们正向东航行，去抗击西班牙战舰。

我们都长长地松了一口气。

但一路上紧张的气氛萦绕着我们，因为以我们的距离，西班牙战舰还是很容易就追到我们。直到第二天也就是5月7日早晨，危险才总算解除了。大约上午10点，我们来到巴哈马群岛安得罗斯岛的南端一个名叫克里基茨的地方。我们总算可以登陆，短暂地休息一下了。

其后，屡经周折，我们终于在5月12日到达科维斯特，并在当晚乘火车到塔姆帕，又在那里换乘火车前往华盛顿。

终于，我们按预定的时间到达了目的地。没有丝毫停留，我立刻找到了作战秘书罗塞尔·阿尔杰，并向他做了汇报。他认真听了我的讲述，并让我直接向迈尔斯将军报告。迈尔斯将军接到我的报告后，给作战部写了一封信。信中说："我

推荐美国第十九步兵部队的一等中尉安德鲁·罗文为骑兵团上校副官。罗文中尉完成了古巴之行，在古巴起义军和加西亚将军的协助下，为我国政府送来了最宝贵的情报。这是一项艰巨的任务，我认为罗文中尉表现出了英勇无畏的精神和沉着机智的作风，他的精神将永载史册。"

之后，我陪同迈尔斯将军参加了一次内阁会议。会议结束时我收到了麦金莱总统的贺信，他感谢我把他的愿望传达给加西亚将军，并高度评价了我的表现。

总统在贺信的最后一句写道："你勇敢地完成了一项了不起的任务！"

但是，我却认为，我只不过是完成了一个军人应该完成的任务，那就是：不要考虑为什么，只要服从命令。

我已经把信送给了加西亚将军。

# 一本可怕的书

威廉·亚德利

对于管理者来说,《把信送给加西亚》能够给自己的团队一些重要的启示。虽然,从内容上来看,这是一本劝告员工如何敬业和勤奋工作的小册子,然而,一个多世纪以来,它却在更为广泛的领域里被人们所应用和实践。

长久以来,关于自立和主动性的课是美国西点军校和海军学院的学生必须要修习的一门课程,其教材就是这本名为《把信送给加西亚》的小册子,其精神影响了一代又一代的学生。

在政界,此书也是培养公务员敬业守则的必读书籍。布什家族成员深受其影响。布什还曾经把这本小册子签上名,并赠送给了自己的助手弗兰克·布隆恩。

在很长的一段时间里,这本小册子都摆放在布隆恩办公室的案头。布什在他的签名上写下了这样一句话:"你是一个送信者!"就此他解释说:"我把它献给所有那些在政府建立之初与我们同行的人们……我在寻找那些能把信带给加西亚的人，并愿意让他们成为我们的一员。那些不需要人监督并具备坚毅和正直品格的人正是能改变世界的人！"后来，布隆恩果然成为布什政府最得力的助手之一。一些政府机构还把这本书的复印稿钉在墙上供人们阅读，并要求读过此书后留下签名，后来，纸上密密麻麻的都是签名。

布什又是如何读到这本书的呢？这与肯·怀特有关。作为一名奥兰多的知名律师，怀特长期效力于布什及其任前任总统的父亲老布什。他在1998年布什竞选总统之时向他推荐了这本书。

怀特这样描述这个故事："抱怨是不被允许的。我的道德标准是：一旦得到一个工作，你就应该全力以赴。当我向布什推荐这本书时，他说：'我对这个东西不感兴趣。'于是，我对他说：'请读一读，只需要花费你一杯咖啡的时间，虽然它不是新时代的东西，但它永远不会过时。'后来，当我再一次碰到他时，他已经读过了这本书。不出我所料，他当时对我说的是'这本书太可怕了，它把一切都说了'。"

这本书并不能简单地被定义为一首歌颂英雄的赞歌，而应该被看成是一本成功的励志著作，值得每个人认真阅读，并且将之引为做人做事的标准：不被困难吓倒，自信、独立地完成领导交托的任务。

# 你能把信送给加西亚吗？

马克·戈尔曼

一百多年以前，一篇凑数的文章被收进了一本即将出版的杂志里。文章写得是一个美国士兵的故事，然而，就是这篇看上去无关紧要的文章后来竟然成了印刷史上销量最高的出版物之一。它就是《把信送给加西亚》，被译成多种文字而且目前销量已达几亿册。究竟这篇文章有什么重要价值，竟然在世界上引起如此大的轰动？

故事是这样的。1899年，阿尔伯特·哈伯德原本要给《菲士利人》杂志写一篇评论。在喝茶的时候，哈伯德和家人讨论起了美西战争。每一个人都为古巴起义军首领加西亚而喝彩，因为他在古巴的战役中起到了关键作用。然而，哈伯德的儿子伯特却提出了不同的观点。"在我的印象中，"伯特肯定地说，"战役真正的英雄不是加西亚将军，而是罗文中尉，那个把信送给加西亚的人。"

儿子的话令哈伯德的心久久不能平静。于是哈伯德写下了《把信送给加西亚》这篇文章并出版发行。起初他并没有注意这篇文章，但后来要求重印杂志的呼声越来越高，才使他不得不加以关注。重印的定单一个接一个地飞来，一度致使杂志陷入了困境。

看着这些无法抵挡的订单，哈伯德感到迷惑不解。他在想，人们为什么会对这本杂志情有独钟呢？得到的答案令他惊讶不已：是那篇"凑数"的文章。为什么有这么多的人对一个名叫安德鲁·罗文的默默无闻的人如此感兴趣呢？原因就是：大家都在寻找像罗文这样独特的人。

1895年，古巴人民正在为摆脱西班牙统治、争取民主独立而斗争。古巴岛上的西班牙士兵残酷压迫和奴役着那里的人民，古巴人民非常渴望自由。美国人对古巴有着极大的兴趣，不仅因为两国是邻国，还因为那里有美国人的投资。1897年，在哈瓦那大街上发生的古巴民族主义者与西班牙士兵之间的暴力冲突，引发了大规模的骚乱，致使古巴境内的形势急剧恶化。麦金莱总统向古巴境内派遣了主力舰。这艘作为美国政府显著标志的战舰停靠在了哈瓦那港湾，以显示美国政府下决心保护其在古巴利益的象征。由于一些难以克服的现状，这艘主力舰一直没有参加反对西班牙的战役。

然而，1898年2月15日的一次爆炸击沉了这艘主力舰。爆炸地点离美国海岸不足100里，这个挑衅性的行为给美国人民拉响了警报。麦金莱总统向西班牙下了最后通牒：远离古巴。4月，美国与西班牙开战了，也就是历史上的美西战争，这场战争不仅解放了古巴，而且也解放了菲律宾群岛。

宣战以前，麦金莱总统会见了美国军事情报局局长——阿瑟·瓦格纳上校，问道："到哪里可以找到一个把信送给加西亚的人？"要知道，古巴起义军与美国的合作是作战成功的关键，所以与起义军的首领加西亚将军取得联系是非常必要的。加西亚当时正在古巴丛林里领导起义军与敌人作战，他同时也是西班牙军队缉捕的对象，所以没有人知道他在什么地方。

阿瑟·瓦格纳上校毫不犹豫地对总统说："我有一个人——一个年轻的中尉，安德鲁·罗文。如果有人能把信送给加西亚，那么他就是罗文。"

一小时后，给加西亚的信摆在罗文面前。没问任何问题，罗文开始了寻找加西亚的旅途。

罗文把信送给了加西亚并且带回了答复。罗文当时并没有问："他在哪里？他长什么样子？怎么样与他联系？我如何才能到那儿？"他只是接受了命令而且做了他应该做的。

我们中间有罗文吗？有不需要对上司提出疑问就能把信送给加西亚的人吗？有不需要雇主引导而能自己完成工作的

人吗？如果没有，那么老板就得亲自做了。让一个人去完成一项任务，下一次见到他的时候，他会说："我已经完成那项任务了，还有需要我做的吗？"

我在哪里可以找到这样的人呢？我可以找到一个罗文吗？有能把信带给加西亚的人吗？

有！他们就在外面，只不过少之又少而已。

现在可能有一些罗文正在读这篇文章。他们将会成为非常优秀的人物。非常意味着超越平常。那些人不仅仅会做别人要求他们做的，而且会超越其他人的想象，追求完美。

一百多年来，人们并没有多少改变。每一次我把任务交给别人的时候，他们总是要问我一堆问题，每当此时，我总是马上对自己说："这个可怜的人不能把信送给加西亚。"

能把信送给加西亚的人是很稀少的。很多人满足于平庸的现状，对此我无法理解。你正在走向成功是因为你下定决心要成功；你正在走向成功是因为你选择生活而不是让生活选择你。为自己选择：你可以选择"做一天和尚撞一天钟"的生活，也可以选择一个完美的生活。

我想起了在《马太福音》中的那个故事。耶稣和他的弟子经过长途跋涉后，感到劳累饥渴。耶稣走到一棵漂亮的小树前，但树上却没有果实。就因为如此，耶稣诅咒了它。第二天,当他们路过这棵树的时候,一名弟子发现它已经枯死了。

最近,我在读这则故事的时候,做了一些标注,然后在我先前读过的书里仔细查询了一番。这篇经文里面说那棵树不结果实是因为没到季节。我的问题很明显就是:"上苍啊,难道你不觉得对那棵树的惩罚太过严厉了吗?要知道,那个时候没有树会结果实的。"

就在当晚的深夜两点,我从床上坐了起来,因为上帝对我说话了。他说:"如果你所做的一切都会自然而然地来临,那么人们就不会记起我了。"

上帝不希望我们只做那些与生俱来的事情,不希望只做那些舒适、方便的事情。对于我们来说,顺其自然是平庸无奇的。平庸是你我的最后一条路。耶稣以诅咒一棵小树为例告诉我们应该怎样去做。他希望那棵树不但要多产而且要终年结果实。为什么可以选择更好时我们总是选择平庸呢?为什么我们只能做别人正在做的事情?为什么我们不可以超越平庸?我讨厌人们说那是因为天性使他们的要求不会太高。

他们可能会说:"我的个性与你不同,我并没有你那么大的野心,那不是我的天性。"我给他们的答案是:"改变。"事实上,这就是一个决定的问题。做一个去改变的决定吧!

不要总说别人对你的期望值比你对自己的期望值高。如果有人在你的工作中找到失误，那么你就不是完美的，你也不需要去找借口。你需要勇于承认这并不是你的最佳程度，千万不要挺身而出，去捍卫自己的缺陷。

在《圣经》中可以找到一项以完美为主题的意义深远的研究。《马太福音》中说道：

一个人将要远行，走之前他把仆人叫到一起并把财产委托他们保管。依据他们每个人的能力，他给了第一个仆人5个塔伦特（注：古罗马货币单位），第二个仆人2个塔伦特，第三个仆人1个塔伦特。拿到5个塔伦特的仆人把它用于经商并且赚到了5个塔伦特。同样，拿到2个塔伦特的仆人也赚到了2个塔伦特。但是拿到1个塔伦特的仆人却把主人的钱埋到了土里。

过了很长一段时间，他们的主人回来与他们结算。拿到5个塔伦特的仆人带着另外5个塔伦特来了。他的主人说："做得好！你是一个对很多事情充满自信的人。我会让你掌管更多的事情。现在就去享受你的土地吧。"

同样，拿到2个塔伦特的仆人带着他另外2个塔伦特来了。主人说："做得好！你是一个对一些事情充满自信的人。

我会让你掌管很多事情。现在就去享受你的土地吧。"

最后拿到1个塔伦特的仆人来了,他说:"主人,我知道你想成为一个强人,收获没有播种的土地,收割没有撒种的土地。我很害怕,于是把钱埋在了地下。看那里,那儿埋着你的钱。"主人回答道:"又懒又缺德的人,你既然知道我想收获没有播种的土地,收割没有撒种的土地,那么你就应该把钱存在银行以便让我回来时能拿到我的那份利息。然后再把它给有10个塔伦特的人,给那些已经拥有很多的人,使他们变得更富有;而对于那些一无所有的人,甚至他们有的也会被剥夺。"

这个仆人认为自己会得到主人的赞赏,因为他没丢失主人给的那1个塔伦特。在他看来,自己虽然没有使金钱增值,但也没有丢失,就算是完成主人交代的任务了。然而他的主人却并不这么认为。他不想让自己的仆人顺其自然,而是希望他们表现得更杰出一些。他想让他们超越平庸,其中两个做到了——他们把赋予自己的东西增值了,只有那个愚蠢仆人得过且过。在我们的一生中常常遇到持这种态度的人。

你怎么处理自己被赋予的一切?你甘心与周围的人一样平庸?你的思想和那个愚蠢的仆人一样吗?

你应该自问:"我能把信送给加西亚吗?如果有人告诉我他藏在古巴的丛林中,我能把信送给他吗?如果我不知道他相貌如何,或者不知该往何处寻找,我能做得到吗?"如果你正"山重水复疑无路"时,你就应该知道肯定会"柳暗花明又一村"的。如果你对成功已充满信心,那么我相信:你能行!

然而,如今我们都变成了借口专家,我们为什么不能把工作做得更完美呢?我们为什么不能去做自己决心去做的?

决定了就去做!可能一些事会拖累我们;可能会使我们陷入泥沼当中,甚至淹死在其中。但是,为了完成任务,我不得不去坚持;即使有强烈的被压制感,我也不会辞职,也不会放弃——逃避并不是唯一的选择。我会完成在前方为我设置的任务,会在生活的每一部分寻求完美。即使我跌倒,也要重新爬起来。我会剖析自我,给自己加压。直到成功!

上帝,赐予我们罗文一样的人吧!

如果有人让我给加西亚送信,我想我能。也许你会认为我太自大了,但事实上这并不是自大,而是自信。我只知道如果你递给我一封信并且说:"把它送给加西亚。"我想带到,我也能带到,而且要做得最好!如果有人告诉你,你终生都不会取得成就,不要相信这些谎言。对于你来说,别人告诉你的消极事情都无关紧要。

　　做出决定,然后采取行动。成功是百分之一的灵感加百分之九十九的汗水。如果你付诸行动,你就能做到。

　　把信送给加西亚,你准备好了吗?

# 第二部分
## 自动自发

去求取绝对自由且知道自由的代价是责任就是一种救赎。

# 第一章 怎样对待工作——主动

## ◎ 自动自发，主动争取机会

成功的人很早就明白，什么事情都要自己主动争取，并且要为自己的行为负责。

如果你想登上成功之梯的最高阶，就要永远保持主动、以率先的精神去面对你的工作。即使你面对的是毫无挑战、毫无生趣的工作，如果你能够做到自动自发，最终能获得回报。

那么，什么叫自动自发？自动自发就是没有人要求你、强迫你，却能自觉而且出色地做好自己的事情。

成功的人很早就明白，什么事情都要自己主动争取，并且要为自己的行为负责。没有人能保证你成功，只有你自己；也没有人能阻挠你成功，只有你自己。

许多公司都努力把自己的员工培养成对待工作自动自发的人。工作主动的员工，会勇于负责，有独立思考能力。他们不会像机器一样，别人吩咐做什么他们就做什么。他们往往会发挥创意，出色地完成任务；而不能自动自发工作的员工，则墨守成规、害怕犯错，凡事只求忠于公司规则。他们会告诉自己，老板没有让我做的事，我又何必插手呢？又没有额外的奖励！这两种不同的想法会明显地导致不同的工作表现。

　　一家商店的老板对我讲起过他的两个员工查理和海克，他们的年龄一样大，也拿同样的薪水，可是海克很快就加薪升职了，而查理仍然在原地踏步。

　　"其实，不能说我不公平，海克这小伙子实在是招我喜欢。我觉得我不能不给他加薪升职，那是他应该得到的。"老板说，"一次，我派他们去市场上看看有什么卖的，因为我的库存已经不多了。查理回来告诉我只有一个农民在卖土豆。我问有多少，他不知道，就又跑到市场上问了回来。我问价格是多少，他又只好第三次跑到市场问出了价钱。"

　　说到海克，那位老板笑着说，脸上带着欣慰的表情，好像讲述的是他自己的儿子："他很快从市场上回来，并汇报说目前只有一个在卖土豆的农民，一共40口袋。价格还比较合理。他还带回一个土豆，让我看看质量。"

"你更不会想到的是,他从农民那儿了解到西红柿的销量很好,于是他把那个农民也带来了,在他手上还有一个西红柿样品。后来我就放心地让海克担任了更重要的职位。而查理,我实在找不出什么理由给他加薪,哪怕是一美元……"

自动自发的人不仅会圆满地完成自己的任务,还会忠心耿耿地为老板考虑,给他提尽可能多的建议和信息,他们也因此会得到赏识和提升。比别人多努力一些,就会拥有更多的机会。

在以前的手工业时代,听命行事的能力相当重要,而现在,个人的主动进取更受重视。知道什么事该做,就立刻采取行动——动手去做!不必等别人的交代与督促。

"我没有时间!"

"我实在太忙了,不能做!"

"恐怕现在还不是最佳时机,我们为什么不再等等呢?

通常,这些司空见惯的话语可能会使你付出数倍的代价。"没有时间"只是懒散者的挡箭牌,是懦弱无能者的借口。要想获得更多的机会,你就应该积极主动地"把信送给加西亚"，即使送信的收入与你的付出并不成比例。

在这个世界上，有两种人永远都得不到提升：一种人不肯听命行事；另外一种人只肯听命行事。第一种人，他们在被告诉过多次后，还非常不情愿地去做事情；第二种人，每天只是等着被告诉要怎么做，要做什么。这些人得不到很多荣誉也得不到很多钱。

还有一类人只是在他们陷入贫困时，迫于生计才会去做事。他们像是被人从后面用鞭子抽打、用脚踢一样，他们只会遭到漠视，不仅工作辛苦而且收入微薄。他们坐在那儿，不停地抱怨老板的苛刻和小气，埋怨社会的不公，期盼机会降临到自己身上。

另外一类人，即使你走到他们面前给他们示范，他们也仍然不会很好地完成工作，因此，他们总是处于失业中。

成功的机会总是在寻找那些能够主动去做事的人，可是很多人根本就没有意识到这一点，他们早已养成了拖延懒惰的习惯。只有当你主动、真诚地提供真正有用的服务时，成功才会伴随而来。而每一个雇主也都在寻找能够主动做事的人，并以他们的表现来犒赏他们。

"现在就动手做吧！"当你意识到拖延懒惰的恶习正在你身上显现时，你不妨用这句话警示自己。从任何小事做起都可以——并不是事情本身有多么重要，重大的意义在于突破了你无所事事的恶习。

一个人的工作有没有主动性，有没有追求完美的精神，这对工作来说具有本质的区别。我认识许多聪明的人，他们的工作能力强，可总是得不到老板的赏识。为什么呢？他们不想接受命令，他们自以为聪明，总以为自己一眼就看穿了雇主要压榨员工的用心。

老板安排这种人去办事，更多的时候，他们总是干脆地回答："我不想去，你能安排其他的人吗？"这种人即使他们的全部才能被埋没，在我看来也不值得同情。

每个老板都喜欢积极主动、善解人意的员工，人们也乐意和这种人共事。从现在开始为别人加倍努力吧，不要等着别人来吩咐！比自己分内的多做一点，比别人期待的多服务一点，如此你就可以吸引老板的注意，得到加薪和升迁的机会。

养成了自动自发的工作习惯，就掌握了个人进取的精义。那些以无比的热情看待自己工作和事业的人，总能发掘出无穷的机会。相反，那些被动的人，只能永远等着别人给他安排任务，而且还要推脱搪塞，殊不知他同时也推掉了机会。

造物者授予人们掌握思想的权利，无疑是希望他们能够自动自发。有成功潜质的人，总是能够比别人多付出一些，自动自发地为自己争取更多的进步与利益。

只有自动自发，才会让雇主惊喜地发现你实际做得比你原来承诺的更多，你才有机会获得加薪和升迁。如果你只是尽本分，或者唯唯诺诺，对公司的发展前景漠不关心，你就无法获得额外的报酬，你只能得到属于你应得的那一部分，当然，这比你想象的要少。

「一个人的工作能力和工作态度,决定他的报酬和职务。那些工作效率高、自动自发并且甘之如饴的人,往往就是担任公司最重要职务的人。」

## 选择自己感兴趣的工作

一种不称心的职业最容易糟蹋人的精神，使人无法发挥自己的才能。

对很多人而言，发现自己擅长干什么、什么是自己最感兴趣的工作，是一件很困难的事，因为他们宁可相信别人，也不相信自己。还有很多人只会羡慕别人，或者模仿别人做的事，很少能认清自己的专长，选择自己感兴趣的事情，然后全力以赴。所以，他们总是别别扭扭地做着自己不擅长的事，更不能对自己的职业尽心尽力。这些人都不能够成大事，他们的失败只能怪自己。

我看到有很多刚刚参加工作的年轻人整天无精打采，毫无工作与生活的乐趣，他们怨叹工作的不幸和人生的无聊。为什么他们会这样悲观呢？主要是因为他们正做着自己不感兴趣的事。还有一些人有不错的学识，但是因为所从事的职业与他们的才能不相配，结果久而久之竟使原有的工作能力都丢掉了。由此可见，不称心的职业最容易糟蹋人的精神，使人无法发挥自己的才能。

只要你的职业与自己的志趣相投合，你就绝不会陷于失败的境地。年轻人一旦选择了真正感兴趣的职业，工作起来总能精力充沛、自动自发，能愉快地胜任，而决不会无精打采、垂头丧气。同时，一份合适的职业还会在各方面发挥你的才能，并使你迅速地进步。

卡尔·斯文思的父亲开着一家洗衣店，并且让斯文思在店里工作，希望他将来能接管业务。但斯文思厌恶洗衣店的工作，总是懒懒散散、无精打采，勉强做一些父亲强迫他做的工作，完全不关心店里的事务。这使他父亲非常苦恼和伤心，觉得自己养育了一个不求上进的儿子而在员工面前深感丢脸。

有一天，斯文思告诉父亲自己想到一家机械厂工作，做一名机械工人，抛弃现在的事业不做，一切从头开始，父亲对此十分惊讶并横加阻拦。但是，斯文思坚持自己的想法，穿上油腻的粗布工作服，开始了更劳累、时间更长的工作。而他不仅不觉得辛苦，反而觉得十分快活，边工作还边吹口哨，因为他选择了自己感兴趣的工作。现在他已经是这家机械厂的新老板了。

所以，只有那些找到了自己最擅长的职业的人，才能够彻底掌握自己的命运。我发现那些有成就的人，几乎都有一个共同的特征：无论才智高低，也无论从事哪一种行业，他们必然喜爱自己所做的事，能在自己最擅长的事情上勤奋工作。

米开朗基罗的作品数量庞大，气势宏伟，表达了人体力量的激发状态。米开朗基罗创作这些艺术品，不是因为这是他的工作，也不是因为他害怕脾气暴躁的教宗尤里乌斯二世，更不是想赚钱，而是因为他爱他的创造，他爱年轻人。

你也许没有米开朗基罗那样的动力，但是如果你不喜欢、不期望创造出有长远价值的事物，你就创造不出来。此道理对个人如此，对商业界亦然。

著名数学家、物理学家帕斯卡的父亲让他去做语言学教师，但是在数学方面要求发展的召唤却压抑了其他任何职业的声音，这种声音一直在他的头脑里萦绕着，直到他把语法丢到一边，转向"几何之父"欧几里得为止。

特纳的家人本来希望他在少女发屋做一名美发师，但是，特纳最终却成为一名伟大的现代派风景画大师。

相反的，厌烦自己的工作，不情愿地去做的话，将永远都无法成长。

一旦你决定要从事某种职业时，就要立即打起精神，不断地勉励自己、训练自己、控制自己。在你的工作中自动自发，只要有坚定的意志、永不回头的决心，不断地向前迈进，做任何事情都有成功的希望。

对某事怀有热情，你以为很难吗？不是你想的那样难。谁都会对某一件事感到兴奋，如果一个人没有任何一件有感觉的事，就会虽生犹死。况且，近年来，几乎所有嗜好、热忱或职业，都能变成商业活动。

有一句话讲得非常有道理——不值得做的事，就不值得做好。不错，也许每个人都会对这条定律表示赞同。它解释了为什么我们时常感到缺乏兴趣和动力。然而，问题并不到此为止。如果我们永远做不好任何事，不管理由是否充分，结局一定会很惨。

况且，把一生都浪费在"不值得做的事"上，本身就是一件最不值得做的事。所以，你的选择应该是：找到值得做

的事,并努力把它做好!

要警惕这种想法:在某个方面"你永远不可能有尽善尽美的才华"。要知道,上帝会憎恶那些半途而废的人,并会耿耿于怀。因此,不完善的才华永远难以得到上帝的帮助,也就很难获得最终的成功。

「宁可做鞋匠中的拿破仑、清洁工中的亚历山大,也不要做根本不懂法律的平庸律师。」

## ◎ 珍惜自己的第一份工作

有很多年轻人刚走出大学校园，就对自己抱有很高的期望值，认为自己一开始工作就应该得到重用，就应该获得丰厚的报酬。他们在薪酬上相互攀比，仿佛工资是他们衡量一切的标准。但事实上，刚刚踏入社会的年轻人缺乏社会经验，短时间是无法委以重任的，薪水自然也不可能很高，于是他们就有许多怨言。

与以往手工作坊时代的学徒相比，现在的年轻人往往将社会看得更冷酷、更严峻，因而对金钱问题更加现实。在他们看来：我为公司干活，公司付我一份报酬，等价交换，仅此而已。他们看不到工资以外的东西。没有了信心，没有了热情，工作时总是采取一种应付的态度，能少做多少就少做多少，能躲避就躲避，敷衍了事，以此来应付他们的雇主。他们只想对得起自己挣的工资，从未想过这样是否会丧失许多发展机会，是否对得起自己，是否对得起家人和朋友的期望。这种状态是很令人担忧的。

珍惜自己的第一份工作！许多年轻人来向我请教职业问

题时，我常常会这样告诫他们。除此之外，我还经常向他们讲起韩森的故事：

韩森是我所认识的年轻人中十分优秀的一位，他大学毕业就来到纽约，在一家出版社担任校对工作，一个星期只能挣 15 美元，而且还必须从早忙到晚。他的朋友们都劝他换一个工作，说这样低的工资不值得他如此卖力。

可是他始终没有放弃，从不抱怨自己工资太低，他诚恳踏实的态度受到了老板的关注，一年以后，他的工资就涨到了每周 75 美元，并且被提拔到一个重要的部门。在新职位上，韩森继续保持自己良好的工作习惯，最后被提升到总编辑的位置上，成为出版社收入仅次于老板的人。

在一次慈善晚会上，一位慷慨的富翁乔治发表了一场演说，深深打动了包括我在内的所有从事不同职业的听众。

"我刚来纽约的时候，在一家商店替人扫地，一个星期挣 6 美元。到了年底，我又找了一家公司工作，在那里我一个星期拿 14 美元。但我依然努力工作。之后，我进了纽约的一家大公司，在那里我当上了商务代表，周薪 30 美元。那个时候，我对自己说，希望能够通过自己的努力进入管理层。过了不久,我被董事长叫进了办公室,桌上摆着一份新的合同。这是一份长达10页的合同,在这份合同中,公司提供给我的待遇是年薪1万美元。"

"我和妻子每周只花8美元,节省下来的钱全部用来投资。在我的两份合同到期时,我的投资所得已经达到了11.7万美元。我又用这些钱投资入股公司,成为公司的合伙人,不久变成了百万富翁。"

这位富商还告诉人们,当他开始工作时,许多朋友劝告他说:"乔治,你真傻,这份工作如此累而且收入还很低。你每天都加班到深夜,什么时候才是出头之日?"

但是乔治回答说:"既然我来到纽约,就要干出一番事业来。也许现在我必须做这些别人不放在眼里的活,但我坚信总有一天,我会成功的。"

在乔治来到纽约这座城市时,就下定决心要成为一个成功者。他从不错过任何一个学习做生意的机会,即使是在店里扫地的时候,他也会观察老板是怎样和客人们打交道的。他总是在观察、学习、总结,即使休息时,也会试着和客人们攀谈,了解他们的消费观念和消费需求。有时他也会问老板一些生意方面的问题,时间长了他便总结出了很多生意经。虽然那时他一周只有6美元的收入,可是他所学到的东西的价值又岂止6美元呢!

　　观察乔治工作的每一天,你会发现他真的很有做生意的天赋,在他身上你可以找到一个出色的经营者应该具备的素质。

「金融界的杰出人物罗塞尔·塞奇说:"单枪匹马、既无阅历又无背景的年轻人起步的最好方法是:首先,谋求一个职位;第二,珍惜第一份工作;第三,养成忠诚敬业的习惯;第四,认真仔细观察和学习;第五,成为不可替代的人;第六,培养成有礼貌、有修养的人。"」

## ◎ 尽力掌握必要的工作技能

在公司中,如果你掌握了必要的工作技能,就能提升自己在老板心目中的地位。

如果你现在的职位并非因为自己的苦干,而是通过其他方式得到的,那么你做起来一定不会感觉太好。你可以考虑一下,如果谋得的好职位是因为父亲的面子或是其他亲友的提携,要是没有这些外力的加入,你要再花费多少精力、经过多长时间、做出多少业绩,才能达到这个地位呢?

在这样的职位上,你不会有很高的兴致,因为这个职位不是你一步一步逐渐谋得的,你对这个工作也并没有完善的技能来胜任。但是任何重要的职位决非只有浅陋的学识、低劣的才干就能做得了的,所以,你做事时必将碰壁,那时,你仍愿意在那里干下去吗?

如果你想改变这种状况,而且对自己的双手和头脑有十足的信心,确信自己肯定能够愉快地胜任、并能有所建树,就不要再灰心丧气,不要再怕吃苦,不要再埋怨升迁太慢了。你应该一步一个脚印地去做,你应该像裁判要求参赛者那样严格要求自己，把自己训练培养成一个适合你所期望的职位的人，而其中一个关键的问题就是：掌握必要的工作技能，让自己足以胜任这个职位。

在公司中，如果你掌握了必要的工作技能，就能提升自己在老板心目中的地位。随之，你会频频出现在公司重要的会议上，甚至被委以重任，因为在老板心中，你已经变得不可替代了。

有一个公司老板聘用了一个年轻人做自己的司机，年轻人只领取属于自己的那一份酬金。而可贵的是，这个年轻人并不满足于此，还经常为老板收发一些信件，处理一些手头上的问题。这样一来，他对公司的一些业务也了解了很多。

渐渐地，如果老板有事情脱不开身时，就让他代为处理。他还在晚饭后回到办公室继续工作，不计报酬地干一些并非自己分内的工作，而且在超越自己的工作范围时也力求做得更好。

有一天，公司负责行政的经理因故辞职，老板自然而然地想到了他。在没有得到这个职位之前已经身在其位了，这正是他获得这个职位最重要的原因。

当下班的铃声响起之后，他依然坐在自己的岗位上，在没有任何报酬承诺的情况下，依然刻苦训练，最终使自己有资格接受这个职位，并且使自己变得不可替代。

无论你目前从事哪一项工作，一定要使自己多掌握一些必要的工作技能。在你主动提高自己的工作技能时，你应当明白，自己这样做的目的并不是为了获得金钱上的报酬，而是为了使自己更长久地发展。更重要的是，你必须多掌握一些必要的工作技能，然后才能在自己所选择的终身事业中，成为一名杰出的人物。

我听到有人告诫自己的孩子："无论未来从事何种工作，一定要全力以赴、一丝不苟。能做到这一点，就不需要为自己的前途操心。因为世界上到处是散漫粗心的人，那些尽心尽力者始终是供不应求的。"

「我还要提醒你一句：若要在老板的心中变得重要，还要多掌握一些必要的工作技能，正所谓艺多不压身。」

## 别把工作当成苦役

如果你认为自己的工作是乏味的、是一种苦役，就会产生抵触的心理，这终究会导致你的失败。

要看一个人做事的好坏，只要看他工作时的精神和态度就可以了。如果你对工作是被动而非主动的，像奴隶在主人的皮鞭督促之下一样；如果你对工作感觉到厌恶；如果你对工作毫无热情和爱好之心，无法使工作成为一种享受，只觉得是一种苦役，那你在这个世界上决不会取得重大的成就。

有这样一个故事：

一天，主人把货物装在两辆马车上，让两匹马各拉一辆车。

在路上，一匹马渐渐落在了后面，并且走走停停。主人便把后面一辆车上的货物全放到前面的车上去。当后面那匹马看到自己车上的东西都搬完了，便开始轻快地前进，并且对前面那匹马说："你辛苦吧，流汗吧，你越是努力干，主人越要折磨你。"

到达目的地后,有人对主人说:"你既然只用一匹马拉车,那么你养两匹马干吗?不如好好地喂一匹,把另一匹宰掉,总还能拿到一张皮吧。"

于是主人便真的这样做了。

如果你对工作依然存在着抱怨、消极和斤斤计较的情绪,把工作看成是苦役,那么,你对工作的热情、忠诚和创造力就无法被最大限度地激发出来,也很难说你的工作是卓有成效的。你只不过是在"过日子"或者"混日子"罢了!

倘若如此,你每日所习惯的工作不仅不是合格的工作,而且简直跟"工作"有点背道而驰了!一些人认为只要准时上班,不迟到,不早退就是完成工作了,就可以心安理得地去领取所谓的报酬了。可是,他们没有想到,他们固然是踩着时间的尾巴上下班,但他们的工作态度也很可能是死气沉沉的、被动的。

那些每天早出晚归的人不一定是认真工作的人,对他们来说,每天的工作可能是一种负担、一种逃避、一种苦役。他们是在工作中远离了"工作",不愿意为此多付出一点,更没有将工作看成是获得成功的机会。

因此,在任何时候,你都不能对工作产生厌恶感,或者把工作看成是苦役。即使你在选择工作时出现了偏差，所做的不是自己感兴趣的工作，也应当努力设法从这乏味的工作中找出兴趣。要知道凡是应当做而又必须做的工作，总不可能是完全无意义的。关键取决于你对待工作的认知，对工作表现出积极的态度，可以使任何工作都变得有意义。

其实，只要你在心中将自己的工作看成是一种享受、一个获得成功的机会，那么，工作上的厌恶和痛苦的感觉就会消失。不懂得这个秘诀，就无法获取成功与幸福。

一个人无论如何冥顽不灵，不论是否忘记自己的崇高使命，但只要是踏踏实实、埋头苦干，这个人便不致无可救药，只有把工作当成苦役才会永无希望。努力工作，而绝不贪婪卑吝，这便是成功的唯一真理。

认识你的工作——它并不是苦役，然后便动手去做，像加西亚那样！

我认识许多老板，他们多年来一直在费尽心机地寻找能够胜任工作的人，他们所从事的业务并不需要出众的技巧，而是需要谨慎、朝气蓬勃与尽职尽责。他们雇请的一个又一个员工，却因为粗心、懒惰、能力不足、没有做好分内之事而频繁遭到解雇。与此同时，社会上众多失业者却在抱怨现行的法律、社会制度和命运对自己的不公。

「应该在心中立下这样的信念和决心:对待工作,你必须不顾一切、尽你最大的努力。如果你对工作不忠实、不尽力,甚至把它当成是一个苦役,那将贬损自己、糟蹋自己,更不会从工作中得到应有的乐趣。」

## 每一件事都值得你去做

行为本身并不能说明自身的性质，而是取决于我们行动时的精神状态。每一件事都值得你去做，而且应该用心地去做。

卢浮宫收藏着法国印象派画家莫奈的一幅画，描绘的是女修道院厨房里的忙碌情景。画面上正在工作的不是普通的人，而是天使：一个正在架水壶烧水；一个正优雅地提起水桶；另一个则穿着厨衣，伸手去拿盘子——即使日常生活中最平凡的事，也值得天使们全神贯注地去做。

行为本身并不能说明自身的性质，行动时的精神状态才能。工作是否单调乏味，往往取决于我们做它时的心境。

一个人的人生目标贯穿于整个生命历程当中，你在工作中所抱有的态度，使你与周围的人区分开来。日出日落、朝朝暮暮，它们或使你的思想更开阔，或使其更狭隘；或使你的工作变得更加高尚，或变得更加低俗。

每一件事对人生都具有特别深刻的意义。你是砖石工还是泥瓦匠？可曾在砖块和砂浆之中看出诗意？你是图书管理

员吗？经过辛勤劳动，在整理书籍的间隙，是否觉得自己已经取得了一些进步？你是学校的老师吗？是否对按部就班的教学工作感到厌倦？也许一见到自己的学生，你就变得非常有耐心，把所有的烦恼都抛到了九霄云外了。

如果只从他人的眼光中来看待我们的工作，或者仅用世俗的标准来衡量我们的工作，工作也许是毫无生气、单调乏味的，仿佛没有任何意义，没有任何吸引力和价值。这就好比我们从外面看一个大教堂的窗户。大教堂的窗户布满了灰尘，非常灰暗，韶华已逝，只留下单调和破败的感觉。但是，一旦我们跨过门槛，走进教堂，立刻可以看见绚烂的色彩、清晰明亮的线条。阳光穿过窗户在奔跑跳跃，织成了一幅幅美丽的画卷。

　　由此，我们可以得到这样的启示：人们看待问题的视角是有局限的，我们必须从内部去观察才能看到事物的本质。从表面看，有些工作也许索然无味，但是只要深入其中就可能认识到其意义之所在。因此，无论幸运与否，每个人都必须从工作本身去理解才能保持自己独特的个性。

「每一件事都值得你去做。不要小看自己所做的每一件事，即使是最普通的事，也应该全力以赴、尽职尽责地去完成。一步一个脚印地向上攀登，就不会轻易跌落。通过工作获得真正力量的秘诀就蕴涵其中。」

## 享受工作的乐趣

人生中最有意义的事情就是工作，与同事相处是一种缘分，与顾客、合作人见面亦是一种乐趣。

就算你的处境很不尽如人意，也不应该厌弃自己的工作，世界上再也找不出比这更糟糕的事情了。如果环境迫使你不得不去做一些枯燥乏味的工作，那么你应该想方设法使之充满乐趣。用这种积极的态度投身于工作中，无论你做什么，都会很轻松地取得好的效果。

我们可以通过工作来进步，通过工作来获得经验、知识和信心。你对工作投入的热情越多、决心越大，工作效率就越高。当你心怀这样的热情时，上班就不再是一件苦差事，工作就变成了一种乐趣，就会有许多人愿意聘请你来做你所喜欢的事。工作是为了让自己更快乐！如果你每天工作八小时，你就好像在快乐地游泳，这是一件多么两全其美的事情啊！

我见过许多在大公司工作的职员，他们拥有渊博的知识，受过专业的训练；他们朝九晚五地穿行于写字楼间，有一份令人艳羡的工作，拿一份不菲的薪水，但是他们并不快乐。他们是一群孤独的人，不喜欢与人交流，不喜欢星期一；他们视工作如紧箍咒，仅仅是为了生存而不得不出来工作；他们的精神高度紧张，未老先衰，常常患胃病和神经衰弱症，他们的健康真是让人担忧不已。

当你沉浸于工作的乐趣中时，就该爱你所选，不轻言放弃。如果你开始觉得工作压力越来越大，情绪越来越紧张，在工作中感受不到任何乐趣，没有满足感和成就感，就说明事情有些不对劲了。如果我们不从心理上来调整自己，即使换一百份工作，这种情况也不会有所改变。

如果我们以满腔的热情去做哪怕最平凡的工作，也能成为最耀眼的艺术家；如果以冷漠的态度去做最不平凡的工作，也绝不可能成为艺术家。各行各业都有展示自己才能的机会，没有哪一项工作是可以让你藐视的。

如果一个人鄙视、厌恶自己的工作，那么他必将失败。指引成功者的灯塔，不是对工作的鄙视与厌恶，而是真挚、乐观的精神和百折不挠的毅力。

不管你的工作是怎样的普通，都当付之以艺术家的精神与百分之百的热忱。只有这样，你才可以从平庸卑微的境遇中解脱出来，不再有劳碌辛苦的感觉，同时厌弃之感也自然

而然地烟消云散。

我经常听到一些刚刚毕业的大学生抱怨自己所学的专业，于是我试着向他们提出这样的问题：如果你所学的专业与个人的志趣大相径庭，那么，你当初为什么会选择它呢？如果已经为你的专业付出了四年甚至更多的时间，这说明你对自己的专业虽然谈不上热爱，但至少可以忍受。

所有的抱怨只不过是你逃避责任的借口，这无论是对自己还是对社会都是不负责任的。想一下亨利·恺撒——一个真正成功的伟人，不仅因冠以其名的公司拥有10亿美元以上的资产，更因他的慷慨与仁慈，使许多哑巴会说话，使许多跛者能够正常行走，使穷人以低廉的费用得到医疗保障……而这所有的一切都是由亨利·凯撒的母亲在他的心田所播下的种子孕育生长而成的。

玛丽·恺撒给了她的儿子亨利·恺撒无价之宝——教他如何运用人生最伟大的价值。玛丽在工作一天之后，总要花一些时间去做义务保姆的工作，以期帮助那些不幸的人们。她常常对儿子说："亨利，不工作就不可能完成任何事情。我没有什么可留给你的，只有一份无价的礼物——工作的无穷乐趣。"

亨利·恺撒说："我的母亲最先教给我对工作的热爱和为

他人服务的重要性。她常常说，热爱工作和为人服务是人生中最有价值、最有意义的事情。"

如果你掌握了这样一条积极的法则：将个人的兴趣和工作结合在一起，那么，你的工作便不再是辛苦与烦闷的。兴趣会使你的整个人都充满活力，会使你在睡眠时间不到平时的一半、工作量增加两三倍的情况下，仍不会觉得疲劳。

工作不仅是为了满足生存的需要，同时也是实现个人人生价值的需要，一个人总不能无所事事地终老一生，应该试着将自己的爱好与所从事的工作结合起来，无论做什么，都要乐在其中，而且要真心热爱自己所做的任何事情。

成功者乐于工作，并且能将这份喜悦传递给他人，使大家不由自主地去接近他们，乐于与他们相处或共事。

「罗斯·金说："只有通过工作，才能保证精神的健康；在工作中进行思考，工作才是件快乐的事。两者密不可分。"」

## ◎ 拖拉和逃避是一种恶习

懒人的一个重要特征就是办事拖拉。把今天应该完成的事情拖延到明天甚至后天，其实这是一种很坏的工作习惯。对一位渴望成功的人来说，拖拉最具破坏性，也是最危险的恶习，它会使人丧失激情与进取心。

一旦你开始遇事找理由推托，就很容易再次拖延，直到它变成一种根深蒂固的习惯。解决拖拉的唯一良方就是立即行动。当你开始着手做事——任何事，你就会惊讶地发现，自己的处境正迅速地改变。

习惯性的拖拉通常也是编造借口与托词的专家。如果你有意拖拉逃避，你就能找出成千上万的理由来为自己辩解为什么事情无法完成，而对事情应该完成的理由却想得少之又少。将"事情太难、太花时间"等种种理由合理化，比相信"只要我们更努力、更灵活、更有信心，就能完成任何事"的念头容易得多。

这类人无法信守承诺，只想单纯地寻找借口。如果你发现自己经常为了没做某些事而编造借口，或想出千百个理由为事情未能按计划实施而辩解，那么你最好自我反省一下了。别再做一些无谓的辩解了，动手做事吧！

拖拉是对生命的挥霍。然而，它在人们日常生活中司空见惯，如果将一天的时间记录下来，那么你就会惊讶地发现，拖拉正在不知不觉地吞噬着我们的生命。

拖拉是因为人的惰性在作怪，每当自己要付出劳动时，或要做出抉择时，我们总会为自己找出一些借口来安慰自己，总想让自己轻松些、舒服些。有些人能在刹那间果断地战胜惰性，积极主动地面对挑战；有些人却深陷于"激战"的泥潭，被主动和惰性拉来扯去，不知所措，无法定夺……时间就这样一分一秒地被浪费掉了。

相信很多人都有这样的经历，清晨闹钟将你从睡梦中惊醒，想着自己所订的计划，同时却享受着被窝里的温暖，一边不断地对自己说：该起床了，一边又不断地给自己寻找借口——再等一会儿。于是，在矛盾与抉择之中，又躺了5分钟，10分钟……

拖拉是对惰性的纵容，一旦形成这种恶习，就会消磨人的意志，使你对自己越来越没有信心，怀疑自己的毅力、怀疑自己的目标，甚至会使自己的性格变得优柔寡断、犹豫不决。

拖拉有时候也是由于考虑过多、犹豫不决而造成的。适当的谨慎是必需的,但过度谨慎则是优柔寡断,何况诸如早上起床这样的事是没必要找任何借口思来想去的。我们需要想尽一切办法抛弃拖拉的习惯,在知道自己要做一件事的同时,立即动手,绝不给自己留一秒钟的思考余地。

千万不能让自己摆出和惰性开仗的阵势——对付惰性最好的办法就是将惰性扼杀在摇篮里。

在事情开始的时候,总是先出现积极的想法,然后当头脑中冒出"我是不是可以……"这样的想法时,惰性就出现了,"战争"也就开始了。一旦开仗,结果就难预料了。所以,你需要在积极的想法一出现时,就马上行动,让惰性没有登堂入室的机会。

人们如此善于找借口,却无法将工作做好,的确是一件令人匪夷所思的事。

克服拖拉的恶习,将其从自己的性格中彻底清除。这种把你应该在上星期、去年或甚至十几年前该做的事情拖到明天去做的习惯,正在吞噬你的意志,除非你革除了这种坏习惯,否则你将难以取得任何成就。有许多方法可以克服这种恶习:

第一,每天从事一件明确的工作,而且不必等待别人的指示就能够主动去完成;

第二,到处寻找,每天至少找出一件对其他人有价值的事情,而且不期望获得报酬;

第三,每天要将养成这种主动工作习惯的价值告诉别人,至少要告诉一个人。

"如果那些一天到晚想着如何欺瞒的人,能将一半的精力与创意用到正道上,他们就很有可能会取得巨大的成就。"

## ◎ 即使是最平庸的工作，也要做到尽职尽责

我曾经在一份英国的报纸上看到一则招聘教师的广告："工作很轻松，但要全心全意、尽职尽责。"这句话引发了我的思考。

事实上，各行各业都需要全心全意、尽职尽责的员工，因为尽职尽责正是培养敬业精神的土壤。如果你在工作中没有了职责和理想，你的生活就会变得毫无意义。所以，不管你从事什么样的工作，平凡的也好，令人羡慕的也好，都应该尽心尽责，求得不断进步。

即使你的环境困苦，如果能全身心地投入工作，最后你获得的不仅有经济上的宽裕，还会有人格上的自我完善。

在德州一所学校演讲时，麦金莱总统对学生们说："比其他事情更重要的是，你们需要尽职尽责地把一件事情做得尽可能完美；与其他有能力做这件事的人相比，如果你能做得更好，那么，你就永远不会失业。"

尽职尽责！无论做什么事，它都会决定你日后事业上的成败。一个成功的经营者说："如果你能真正制好一枚别针，

应该比你制造出粗陋的蒸汽机赚到的钱更多。"然而，多少年来，人们并没有领会到这一点。

一旦你领悟了全力以赴地工作能消除工作的辛劳这一秘诀，你就掌握了获得成功的原理。即使你的职业是平庸的，如果你处处以尽职尽责的态度去工作，也能增添个人的荣耀。

许多公司的老板向我诉说，他们把任务交给员工的时候，员工们总会提出一堆问题。我告诉这些老板，这样的人是不能"把信送给加西亚"的。现在能"把信送给加西亚"的人越来越少了，很多人宁愿保持平庸的现状。

如果你下定决心要成功，你就必须保证自己行走在成功的路上。你可以选择"做一天和尚撞一天钟"的生活，也可以追求一种完美的生活。

在一家皮毛销售公司，老板吩咐三个员工去做同一件事：去供货商那里调查一下皮毛的数量、价格和品质。

第一个员工5分钟后就回来了，他并没有亲自去调查，而是向下属打听了一下供货商的情况就回来做汇报。30分钟后，第二个员工回来汇报，他亲自到供货商那里了解皮毛的数量、价格和品质。第三个员工90分钟后才回来汇报，原来他不但亲自到供货商那里了解了皮毛的数量、价格和品质，而且根据公司的采购需求,将供货商那里最有价值的商品做了详细记录,并且和供货商的销售经理取得了联系。在返回途中,他还去了另外两家供货商那里了解皮毛的商业信息,将三家供货商的情况做了详细的比较,制定出了最佳的购买方案。

第一个员工只是在敷衍了事,草率应付,而第二个充其量只能算是被动听命,真正尽职尽责地行事的只有第三个人。如果你是老板,你会雇用哪一个?你会赏识哪一个?如果要加薪、提升,作为老板你愿意把机会留给谁?如果你想做一个成功的、值得老板信任的员工,你就必须尽量追求精确和完美。认认真真、兢兢业业地对待自己的工作是成功者的个性品质。

尽职尽责还需要持之以恒。功亏一篑的事情在这个世界上太多了。比如说,开水烧到99度,你想差不多了,不用再烧,那么抱歉,你永远喝不到真正的开水。在这种情况下:百分之九十九的努力等于零。

无论做什么工作,都要能沉下心来,脚踏实地地去做。一个人把时间花在什么地方,就会在那里看到成绩,只要你的努力是持之以恒的。这是非常简单却又实在的道理。可是,许多员工还是三天打鱼,两天晒网。这样是永远也不会看见成就的。工作虽然累，但是如果你认真地、尽心尽力地去做，工作会让你找到天堂的。

也许你是一个不错的员工，雇主会信赖地指派你去办个小差事，你能保证把任务完成吗？是的，也许你能完成。但如果你前往办事的地方是有名的旅游胜地，你会不会忘了尽职尽责呢？或者你谈判的地方是充满了诱惑的娱乐场所，你会不会放松你的责任心呢？你相信自己能把信送给加西亚吗？

事实上，太多的员工在接到一项任务时会有压力和厌烦感，有时候他们不能控制自己，他们会因为外界的诱惑而不能把精力投入到他的工作中去。能否努力控制自己是尽职尽责的员工和平庸员工的巨大差别。

「青年人应该记住：即使天塌下来，也要控制住自己，然后尽职尽责，争取做到最好。」

## 要做就要做到最好

或者去做,或者不做,二者必居其一;要么全身退出,要么全力以赴。你只能做出一种选择。

虽然林肯总统的所有信件和演讲都被销毁了,只有一封给胡克(美国内战时期联邦军将领)的信保存下来,但是已经能让我们窥探他的内心世界了。

在这封信中,我们不仅可以看到林肯总统的自制精神,还可以看到他控制他人的能力,以及他的坦率、善良、机智、老练、聪明的外交能力和无限的耐心。

当时,胡克少将严厉而有失公允地批评了他的总司令——林肯,还羞辱了他的顶头上司——伯恩赛德将军。但是林肯将这些话挥之脑后,他相信胡克拥有才能,于是让他取代了伯恩赛德。换句话说,一个被误解的人提升了一个误解他的人,使之超过了与自己有着浓厚友谊的人。

但是为了大局,所有个人的考虑都不重要了。当然,被提升的人应该掌握着真理,这是必要的,而且林肯平心静气地通知他这件事;当然,这种方式还避免了胡克夸大其词的攻击。

这封信全文抄录如下：

华盛顿总统官邸

1863 年 1 月 26 日

胡克少将：

我委任你为波托马克军司令。当然，我这样做是有充分合理的理由的，但是你也应该知道，在有些事情上我对你并不太满意。

我相信你是一名勇敢善战的军人，对于这样的人，我非常喜欢。我还相信你不会将政治和你的职业相混淆。在你的职业方面，你是正确的。你很自信。这即使不是一个不可缺少的品质，但至少也是一个珍贵的品质。

你有着雄心壮志。在一定的范围内，这是好事而不是坏事。但是我认为，在伯恩赛德将军指挥期间，你不但保持着自己的雄心还极力阻挠他。这样做无论是对国家，还是对一个最优秀可敬的将领，你都犯了一个巨大的错误。

你最近说，无论是军队还是政府都需要一个独裁者。我相信这种传言是真的。当然，我授权于你，并不是因为这件事——尽管有这件事的存在。只有那些建功立业的将军才能建立独裁。现在，我要求你的是军事上的成功，我将为此而面临独裁的危险。政府将全力支持你，对于所有的将军，它都一视同仁，也不会另眼相待。你对司令官横加指责、心存疑虑，如果再助长这种风气，这将会毁了你。我将协助你压倒这种风气。如果任其蔓延，别说是你，就算是拿破仑再世，也无能为力。现在，戒骄戒躁，勇往直前，去争取胜利。

你真诚的朋友<br>亚伯拉罕·林肯

  这封信中有一点特别值得我们重视，它暗示了一种在组织中潜滋暗长的恶习，那就是，对于位居我们权力之上的人加以冷嘲热讽、吹毛求疵、批评抱怨。

  任何一个人，想要成为一个大人物，想做点事，肯定会受到批评、侮辱和误解。这是必经的磨难，每一位伟人都懂得这一点；他们还懂得，伟大是无须证明的。最好的证明在于能够含垢忍辱，无怨无悔。林肯总统没有忌恨胡克少将对他的批评，因为他知道，每一个生命都有其存在的理由，但他还是提醒胡克这样一个事实："如果任其蔓延，别说是你，就算是拿破仑再世，也无能为力。"

  不久前，我遇到一位耶鲁大学的学生。他要回家度假。

我很肯定，他不能代表真正的耶鲁精神，因为他对学校的规章制度牢骚满腹、怨声载道。哈德里校长也成为他批评的对象，他向我摆了一大堆理由、事实、材料，还附带着时间和地点，说得有模有样。

很快，麻烦来了，不是耶鲁有了麻烦，而是那个学生。因为对一些微不足道的事耿耿于怀，他做得太离谱了，最终失去了在耶鲁大学学习的资格。我想，耶鲁并不是完美无缺的，而哈德里校长和其他的耶鲁人都愿意承认这一点。但是，耶鲁有着某些优势，而且它也依赖这些学生，不管他们是否利用了这些优势。

如果你是一所大学的学生，那就抓住那些现有的好处。你给予它容忍，你就得到益处。你对它的制度给予同情和忠诚，你就会得到报偿。为它而骄傲吧。站在老师们一边，他们就会尽力而为。如果一个地方不好，那么你平时就应该尽力给别人树立榜样，让它变得更好。

如果问题出在公司一方，老板性情乖戾，那么你最好去找他，诚恳地、平静地、温和地告诉他：他是一个性情乖戾的人；向他说明，他的做法是荒谬的。然后，让他知道改进的方式，你还可以把这些问题总揽过来，悄悄地清除它们。

如果你为一个人工作，他的报酬足以让你赚够饭钱，那就尽心为他工作，为他着想，支持他，支持他所代表的机构。

我想，如果我为一个人工作，我就为他工作。我不能对他三心二意，不能阳奉阴违。我如果不是全心全意，就干脆不干。

严格说来，一小点的忠诚抵得上一大堆的智慧。如果你非要辱骂、诅咒和没完没了地贬损不可，那么你为什么不辞职呢？当你身处局外时，你可以尽情发泄。但是，我请求你，身在其中时，不要诅咒它。当你贬损它时，你身置其中，那么你也是在贬损自己。

不仅如此，你还是在松懈自己与这个机构的纽带。树大招风，当有一天你被连根拔起，无所依附时，你甚至不知道是怎么一回事。那封解雇信上只会说："合同到期了，很抱歉，我们没有足够的职位。"

你到处都可以看到那些失业的人。跟他们聊一聊，你就会发现，他们牢骚满腹、怨天尤人、愤恨不平。那是他们性格上的缺陷给他们造成的麻烦。他们自毁前程、自食其果。他们总是显得格格不入，无所作为。所有的雇主都在寻找能够助他一臂之力的人，他却在冷眼旁观。对于那些无所作为的人，碍手碍脚的人，让其趁早离开，这是商业规则；基于自然的法则，奖赏只能属于那些有才干的人。为了能得到提携，你必须具有同情之心。

如果你叽叽喳喳、说三道四、指桑骂槐、阳奉阴违，说老板是一个性情乖戾的人，他的事业就要完蛋了，那么你对他毫无帮助。你没必要以不满来威胁他，没必要将忌恨升级为冲突。

当你告诉别人说你的老板是一个性情乖戾的人，那么你就暴露了一点——你就是这样一个人；当你告诉别人说机构的政策"不可救药"，那么显然你也是这样。

尽管有着缺点，但是胡克少将还是得到了晋升。但更多的时候，你的雇主没有林肯总统那样宽厚。而且即使林肯也不能永远保护胡克，如果胡克作战不利，林肯也就不得不另请高明。终有一天，胡克会为一个高明的人所取代。这个人从不批评任何人，从不报怨任何人；这个高明的人控制着自己的情感，恰到好处；他做着自己的分内之事，以忠诚、信任和义无反顾地献身精神，做着常人不可能做的事情。

「让我们做自己的分内之事吧，尽全力而为之。」

## 超越平庸,追求完美

很久以前,一个有钱人要出门远行,临走前他把仆人们叫到一起并把一部分家产交给他们保管。根据他们每个人的能力,有钱人给了第一个仆人十两银子;第二个仆人五两银子,第三个仆人二两银子。拿到十两银子的仆人把它用于经商并且赚到了十两银子。同样,拿到五两银子的仆人也赚到了五两银子。但是拿到二两银子的仆人却掘开地,把主人的银子埋了起来。

过了很久,主人回来了,并与他们结算。拿到十两银子的仆人带着另外十两银子来了,说:"主人啊,你交给我的十两银子,请看,我又赚了十两。"主人说:"做得好!你是一个对很多事情抱有信心的人。我会让你掌管更多的事情。现在就去享受你的奖赏吧。"

同样,拿到五两银子的仆人带着他赚到的五两银子来了。主人说:"做得好!你是一个对一些事情抱有信心的人。我会让你掌管很多事情。现在就去享受你的奖赏吧。"

最后拿到二两银子的仆人来了,他说:"主人,我知道你是一个要强的人，播种的地方可能没有收获，撒种的地方可能不会聚敛。我很害怕，于是把钱埋在了地下。请看，你原来的银子就在这里。"

主人回答道："你是个又懒又坏的仆人，你既然知道我没有播种的地方要收获，没有撒种的地方要聚敛，那么你就应该把钱放给需要银钱的人，到我回来的时候，也可以连本带利收回。然后再把它给有十两银子的人，我要给那些已经拥有很多的人，使他们变得更富有；而对于那些一无所有的人，甚至他们有的也会被剥夺掉。"

这个仆人原以为自己会得到主人的赞赏，因为他没丢掉主人给的那二两银子。在他看来，虽然他没有使金钱增值，但也没丢失，就算是完成主人交代的任务了。然而他的主人却不这么认为。他不想让自己的仆人顺其自然，而是希望他们能主动些，变得更优秀一些。他想让他们超越平庸，追求完美。其中有两个仆人做到了——他们使自己的银子增值了，而那个愚蠢的仆人得过且过，没有任何作为。

在我们不断增强自己的力量、不断提升自己的时候，我们对自己要求的标准会越来越高。这是人类永恒的追求。

对于我们来说，顺其自然就是平庸无奇。平庸似乎是我们的最后一条道路。为什么我们在可以选择更好时却总是选择平庸呢？为什么我们只能做别人正在做的事情？为什么我们不可以超越平庸？

如果运动员一味地顺其自然的话，那么他也不会赢得奥林匹克竞赛。把金牌带回家的运动员必须超越已有的纪录。超越平庸，追求完美。这是一句值得我们每个人一生追求的格言。有无数人因为养成了轻视工作、马马虎虎的习惯，以及对手头工作敷衍了事的态度，终致一生处于社会底层，不能出人头地。

在某大型机构一座雄伟的建筑物上，有句很让人感动的格言。那句格言是："在此，一切都追求尽善尽美。"

"追求尽善尽美"值得作我们每个人一生的格言，如果每个人都能遵循这条格言，实践这一格言，决心无论做任何事情，都竭尽全力，以求得尽善尽美的结果，那么人类的福利不知要增进多少。

人类的历史，充满着由于疏忽、畏难、敷衍、偷懒、轻率而造成的可怕惨剧。

有一年，在宾夕法尼亚州的奥斯汀镇，因为筑堤工程没有照着设计去筑石基，结果堤岸溃决，全镇都被淹没，无数人死于非命。像这种因工作疏忽而引发的悲剧，在我们这片辽阔的土地上,随时都有可能发生。无论什么地方,都有人犯疏忽、敷衍、偷懒的错误。如果每个人都能尽职尽责、追求完美地去做事,并且不怕困难、不半途而废,那么不仅可以减少大多数的惨剧,而且可以使每个人都具有高尚的人格。

养成了敷衍了事的恶习后,做起事来往往就会不诚实。这样,人们最终会轻视他的工作,从而轻视他的人品。粗劣的工作,就会造成粗劣的生活。工作是人们生活的一部分,做着粗劣的工作,不但使工作效率降低,而且还会使人丧失做事的才能。所以粗劣的工作,实在是摧毁理想、放弃生活、阻碍前进的仇敌。

实现成功的唯一方法,就是在做事的时候,抱着非做成不可的决心,抱着追求尽善尽美的态度。而世界上为人类创立新理想、新标准,扛着进步的大旗,为人类创造幸福的人,就是具有这样素质的人。无论做什么事,如果只是以做到"尚佳"为目标,或是做到半途便停止,那他绝不会成功。

有人曾经说过:"轻率和疏忽所造成的祸患不相上下。"许多年轻人之所以失败,就是败在做事轻率这一点上。这些人对于自己所做的工作从来不会做到尽善尽美。

很多青年,好像不知道职位的晋升是建立在忠实履行日常工作职责的基础上的。只有尽职尽责地做好目前所做的工作，才能渐渐地获得价值的提升。

相反，许多人在寻找自我发展机会时，常常这样问自己："做这种平凡乏味的工作，有什么希望呢?"可是，就是在极其平凡的职业中、极其低微的位置上，往往蕴藏着巨大的机会。只要把自己的工作做得比别人更完美、更迅速、更正确、更专注，调动自己全部的智力，从旧事物中找出新方法来，才能引起别人的注意，使自己有发挥本领的机会，满足心中的愿望。

做完一件工作以后，应该这样说："我愿意做那份工作，我已竭尽全力、尽我所能来做那份工作，我更愿意听取人家对我的批评。"

成功者和失败者的分水岭在于：成功者无论做什么，都力求达到最佳境地，丝毫不会放松；成功者无论做什么职业，都不会轻率疏忽。

工作的质量往往会决定生活的质量。在工作中我们应该严格要求自己，能做到最好，就不能允许自己只做到次之；能完成百分之百，就不能只完成百分之九十九。不论你的薪水是高是低，你都应该保持这种良好的工作作风。

「每个人都应该把自己看成是一名杰出的艺术家，而不是一个平庸的工匠，应该永远带着热情和信心去工作，超越平庸，追求完美！」

## 不要被动服从，而要主动开拓

所谓的主动，是指随时准备把握机会，展现超乎他人要求的工作和表现以及拥有"为了完成任务，必要时不惜打破常规"的智慧和判断力。

一个优秀的管理者应该努力培养员工的积极主动性，培养员工的自尊心。自尊心的高低往往影响工作时的表现。那些工作自尊心低的员工，墨守成规、逃避犯错，凡事只求忠于公司规则，老板没让做的事，绝不会插手；而工作自尊心高的员工，则勇于负责，有独立思考能力，必要时会发挥创意，以完成任务。

老板不在身边却更加卖力工作的人，将会获得更多的奖赏。如果只有在别人注意时才有好的表现，那么你永远无法到达成功的顶峰。最严格的表现标准应该是自己设定的，而不是由别人要求的。如果你对自己的期望比老板对你的期望更高，那么你就不用担心会失去工作。同样，如果你能达到自己设定的最高标准，那么加薪、晋升也就指日可待。

我们经常会发现，那些所谓一夜成名的人，其实在功成名就之前，早已默默无闻地努力了很久。成功是勤奋与努力的积累，不论何种工作，想攀上成功顶峰，通常都需要漫长时间的努力和精心策划。

如果想登上成功之梯的最高层，你就必须永远保持主动率先的精神，纵使面对缺乏挑战或毫无乐趣的工作，最终会获得回报。当你养成这种自动自发的习惯时，你就有可能成为老板和领导者。那些位高权重的人是因为他们以行动证明了自己勇于承担责任，值得信赖。

自动自发地做事，同时为自己的所作所为承担责任。那些成功之人和凡事得过且过的人之间最根本的区别在于成功者知道为自己的行为负责。没有人能促使你获得成功，也没有人能阻挠你达成自己的目标。

像许多人一样，我在十几岁时和大学期间就做过许多有趣的工作。我修理过自行车、挨家挨户卖过词典。有一年，我整整一个夏天都在为一个选美比赛回收那些预定出去但未收上款的票，那是一些中年人在甜言蜜语的竞争者劝说下订购的，但是他们根本无意去观看。我还做过数学家教、书店收银员、商店出纳员和夏令营童子军顾问。为了读完大学，我还打扫过院子，整理过房间和船舱。

这些工作大部分都平凡无奇，我也一度认为它们都是下贱而收入不高的工作。

后来，我知道自己错了。这些工作潜移默化地给予我珍贵的教诲和机会，不管在什么样的工作中，也不管在哪里工作，我都学到不少东西。

就拿我在商店的工作来说吧。我觉得我是一个好雇员。我做了我应该做的事 —— 记录顾客的购物款。

然而，有一天，当我正和一个同事闲聊时，地区经理走进门来。他环顾四周，然后示意我跟他走。他一句话也不说，开始整理已经订出的商品。然后，他走到食物区，清理柜台，把购物车清空。

我惊奇地看着这一切，逐渐醒悟过来：他也想让我做这些事！我之所以惊诧万分，不是因为这是一些新任务，而是因为这意味着我要一直这样做下去。

可是，从前没有人告诉我要做这些事啊！即使是现在，谁也没有说过。那时，我学到了终身受益的经验。它不仅使我成为一名更优秀的雇员，还让我从每一项工作中学到了更多的东西。这个教益就是我要对自己的工作负责。我要更上一层楼，对自己的行为切实负起责来。总之，我要专注于需要做的事而不必等别人来告诉我怎么去做。

一旦获得这个教益，我以前认为平凡的工作开始有意思起来。我越是专注于我的工作,我学到的东西和完成的东西也就越多。

后来,我离开那家商店去上大学,但是这种经验对我人生和事业的影响是深远的。我从一个旁观者变成了一个认真负责的人。学习变得有趣了,兼职和实习成为探索未来成长和发展的机会。

当我成为经理甚至执行官时,我总是努力发现需要做的事。事实上,在各种各样的工作中,我都可以发现超过他人的机会——这不仅让我的雇主与众不同,也让我自己出人头地。

「你可以使自己的生活好转起来,就从今天开始,就从你现在的工作做起,而不必等到遥远未来的某一天你找到理想的工作再行动。」

## 机会来源于埋头苦干

机会包含于每个人的人格之中,正如未来的橡树包含在橡树的果实里一样。

世界上有许多不幸的可怜人,当机会向他们招手时,他们总是视而不见,充耳不闻,因为他们正躺在床上呼呼睡大觉呢!

机会是不会花费气力去找寻那些浪费时间与懒惰的人;机会好像总是落在那些忙得无暇照料自己的人身上。就逻辑而言,机会应该会找那些时间充裕的人,但事实上,机会却只为那些有梦想和有计划的人而停留。我们总以为机会是活的、会运动的,而事实正好相反,机会是一种想法和观念,它只存在于那些认清机会的人的心中。因此,别去问老板为什么你没有获得晋升,而应该去问你自己。

世界上有许多贫穷的孩子,他们虽然出身卑微却成就了伟大的事业。富尔顿发明了一个小小的推进机,结果成为美国最著名的工程师;法拉第凭借药房里的几瓶药,成了远近闻名的化学家;惠特尼依赖小店里的几件工具,竟然成了纺织机的发明者；贝尔用最简单的器械发明了对人类文明最有意义的贡献——电话。

美国历史上有许多感人肺腑、催人泪下的励志故事：主人公确定了伟大的人生目标，尽管在前进的道路中遇到了绊脚石，但他们以坚韧的意志力最终克服了一切困难，攀登上了成功的高峰。

失败者的借口通常是："我根本没有机会！"他们将失败原因归结在机遇没有垂青他们，好职位总是让他人捷足先登。而那些意志坚强的人则永远不会找这样的借口，他们不只是一味等待机会，也不向亲友们哀求，而是靠自己的勤奋努力去创造机会。他们深知只有自己才能拯救自己。

在取得了一次战役胜利后，有人问亚历山大大帝是否等待机会再去进攻另一座城市，亚历山大大帝听后竟大发雷霆："机会？机会是靠我们自己创造出来的。"不断地创造机会，正是亚历山大成为历史上最伟大帝王的真正原因，也只有不断创造机会的人，才能建立轰轰烈烈的事业与成就。

现实生活中，到处都存在着大批失业者，他们给人的印象就是社会经济对劳动力的需求不足。而事实上，社会上同时有许多空缺的职位保留着，在报纸上、人才市场上到处是"诚聘员工"的广告。不过，人们需要的是那些受过良好的职

业训练和勤奋敬业的员工。

年轻人如果看了林肯总统的传记，了解到他儿童时代的境遇与后来的成就后会有何感想呢？

幼时的林肯住在一所极其简陋的茅舍里，没有窗户，也没有地板，用今天的居住标准看，他简直就是生活在荒郊野外。他的住所距离学校非常远，一些生活必需品都很匮乏，更何谈有报纸、书籍可供阅读了。然而就是在这样的情况下，他每天坚持走二三十英里路去上学。为了能借几本参考书，他不惜步行一二百英里路。到了晚上，他借着燃烧木柴发出的微弱火光来阅读……林肯只接受过一年的正规学校教育，可谓成长于艰苦贫困的环境中，但他能努力奋斗，最终成为美国历史上最伟大的总统之一，成了世界上最完美的模范人物。

成功永远青睐那些富有奋斗精神的人，而不是那些一味等待机会的人。应该牢记的是，良好的机会完全在于自己的创造。如果一个人认为发展机会掌握在别人手中，那么他一定会失败。

如果在困境中，林肯说："我没有机会！"这位生长在穷乡僻壤茅舍里的孩子，如何能入主白宫，成为美国总统？同时代有许多出生于优越家庭环境的孩子，他们有漂亮的学校，藏书丰富的图书馆，成就为什么反而不如一个茅舍里成长起来的苦孩子呢？世界上不是有许多出生于贫民窟的孩子们成为议员，成为大银行家、大商人吗？那些大商店和大工厂，有许多不就是由那些"没有机会"的孩子们凭借自己的努力而创立的吗？

「要知道，"没有机会"，只是失败者的推诿之辞。」

# 第二章　怎样提升自己——积极

## ◎ 诚实正直是做人最基本的品质

诚实正直具有强大的亲和力，它可以让你的雇主和合作伙伴产生与你交往的意愿，如果他们认为你是诚实正直的，他们就会无条件地接纳你。

我曾经为了生计为他人工作，自己也曾经当过老板。我欣赏那些待人诚实正直的人，那些对老板阿谀奉承、对下属专横跋扈的人是不可能有大的成就的。当然，唯唯诺诺、毫无原则的人同样令人讨厌。

一个诚实正直的人首先应该是公正的。如果你的上司和同事偏离了正确的轨道，你应该加以阻止。作为一个诚实正直的员工，你应该收集相关的事实，周密地考虑会出现的问题，然后做出判断。

曾经有一家公司的老板因为生意上的问题而受到了一定的惩罚。但是，我却听到这家公司的职员在议论："其实，我早就料到他会有这么一天。我不说,是因为我不想将自己掺和进去。"

他们的态度是:"让老板自己在那根绳子上吊死吧!那是他自己的问题,我自己的事情已经够多了。"你难道会说这样的员工是诚实正直的吗?他们又怎么会得到更多的报酬呢?

如果你发觉老板和同事正走向一个错误的方向,就应该勇敢地加以阻止,即使他不可能接受你的劝告,但是你却证明了自己的诚实。你没有因为他是老板而虚伪地迎合他,你也会感到快乐,因为说出真话会让人觉得胸怀坦荡。

真话不会真的伤害讲它的人。一个正直的人会在适当的时机做该做的事情,即使没有人看到或知道。他们不仅勇于向他人提出建设性的批评,而且也乐于吸取建设性的批评意见。你应该善于倾听周围人的种种怨言,认真加以评估,去伪存真,不断地完善自己。如果你自以为是,不愿意花费时间听取他人意见,这对他人而言是不正直的,对自己则是不诚实的。

有的谎言虽然并没有什么恶意,也不会造成什么危害,但是,久而久之会让人养成撒谎的习惯,继而变成无法原谅的劣性,使你的心灵渐渐蒙尘。相反,诚实的人会逐渐形成宽容博大的胸怀,而说真话还是获得别人信任和尊敬的唯一方法。

说它是唯一方法，可能会引起争论。一个人可以由于优雅的风度、仁慈的行为、丰富的知识或者其他美德，赢得他人的尊敬。但是，一旦他有谎话被拆穿，所有的优点就会烟消云散。只有真诚地袒露自己的心灵，真正做到诚实无欺，才能赢得别人的尊重和信赖。

在工作中，许多员工以为撒个小谎无伤大雅，从而乐此不疲，结果就会变得十分糟糕。他们会对工作不再用心，对公司和老板不再忠诚，随之，会失去许多诚实正直者所应得到的回报。

如果你是一个可以信赖的人，那么你的一举一动都是诚实可靠的，毫无见不得人的地方，你会对自己的工作积极主动、尽心尽力，理所当然地可以得到奖励和升职。这与职位和工作没有任何关系，也与男女、长幼和贫富没有任何关系。

因此，永远都不要尝试说谎，只有这样，你的心灵才会纯洁，才能养成自律的习惯，工作和生活的环境才会变得宁静平和。

即使当你不小心犯了某种大错误，也不要试图用谎言欺骗他人、欺骗你自己。最好的办法是坦率地承认和检讨。如果有可能，尽可能快地对事情进行补救，只要处理得当，你一样可以立于不败之地。

诚实正直也许会使你暂时失去一些东西，有时候也许会被人嘲笑，但是如果你能坚守这一品格，最后都会得到应有的回报。

真诚的人会赢得更多的机遇，机遇总是去寻找诚实可靠的人！如果你讨厌正直诚实，那么能给予你机会的老板同样也会讨厌你。如果一开始你就让别人觉到你很狡猾，别人就会自然而然设立一道防护的屏障，来抵御潜在的威胁。

我曾看到那些刚刚得到升迁的人内心充满欺诈，他们的同事们既不喜爱也不尊敬他们，并且，一有机会就会把他们踩在脚下，可以说他们荣耀的日子屈指可数！

我曾经向一家大公司的老板询问他们的录用标准与晋升尺度主要是什么，他说："别的公司的录用标准与晋升尺度有些什么，我不太清楚。我只能说，我们公司最注重的是应征者的诚实态度和是否正直坦率。一般来说，如果一个人在金钱使用上有了不良的记录，或者因为不诚实有过惩罚记录，我们公司就不会雇用这个人。我们这样做的理由有四：

第一，我们需要有责任感的员工。以前的种种不良记录表示那个人在人格上有缺陷。在金钱上不守信用，这与不诚实的偷盗又有什么两样呢？

第二，如果一个人在金钱上不守诺言，你能相信他还会对其他事情守信用吗？

第三，我们需要的是兢兢业业为公司效力的人，很难想象一个没有诚意、投机取巧的人会在他的工作岗位上尽职尽责。

第四，我们不想自掘墙角，因为财务问题会导致很高的犯罪率。如果一个人无法妥善地解决自身的财务问题，我不敢保证这个人会不会挪用公款、偷窃。我可不想我的公司是一个罪犯的发源地。"

这家公司的用人标准说明了这样一个问题：诚实是衡量一个人品行的尺子，无论什么时候、什么地方都可用于检验一个人。

许多公司都很注重个人的品行，并且以此作为晋升、任用的标准。即使有些人工作经验丰富、技术熟练，如果不诚实也不会被任用。不为利动，没有私心，在任何情形下都言行诚实——这种美誉，其价值比从欺骗中得来的利益大过千倍。

如果你的雇主确信你是一个诚实可靠的人，他们就会信任你，让你担负起重要的职责。如果你在和别人打交道的时候都诚实可靠，你也将得到丰厚的回报。

从另一个意义上说,"诚实是最好的策略"。只有凭借诚实正直,你才能拥有晋升、发展的机会,才能获得永久的成功。

一个诚实正直的人获得财富和晋升的速度可能不如弄虚作假、投机钻营的人来得快;那些善于溜须拍马、阿谀奉承的人,或许短时间内可以获得很高的回报,但是绝对无法长久。也许他们会尽可能表现出一副诚实的面孔,可老板和同事最终会揭穿这种人的真面目。而那些利欲熏心的人不明白,在他们多得到一份金钱的同时,已经损失了一份品格。他们的钱袋固然是有所增益了,但他们的人格却被减损了!聪明可能会欺骗你,而正直却不会。如果你是诚实正直的人,你的成功会是一种真正的成功。即使在金钱、地位上一时达不到一定的程度,你的人格尊严和受人尊敬的地位却已经永久地保持了,而人格和良好的声誉将会是你得到老板重用和获得高薪的保证。

「时不时地回顾一下你的所作所为,你是否能毫无羞愧地说"我是诚实正直的"?如果不能,请立即改变自己的行为方式吧!」

## ◎ 忠诚敬业是每个领导都关心的品质

忠诚敬业并非就意味着永远只从事一种职业，就只在一个部门、一个公司供职。忠诚敬业是一种对职业的负责。也许你调换过部门，但你一定要对自己的工作有强烈的责任感，真正地喜欢它。

在人的一生中，最需要的是寻找一项终生的事业。它是指能给你带来快乐、发展、财富乃至成功的工作，它可以使你全身心地投入，同时也能给你相应的回报。

如何获得终生的事业？只有忠诚做自己的工作，你的全部智慧和精力才可以专注在这个事业上，这个事业才可以称之为终身的事业。

可以说每个老板都会忠诚于自己开创和努力奋斗得来的事业，这一点毫无疑问。因此，他会将忠诚、敬业、勤奋定位为公司的核心精神。对每一个雇主来说，员工的绝对忠诚是首要条件。他们会以此作为标准选拔人才，并在经营管理的过程中反复地传播和灌输忠诚的理念。在一大群能力相当的员工中，老板更重视的是他们的忠诚敬业程度。无疑，那个忠诚度最高、敬业度最高的人会是他重用的对象。

虽然考察一个人是否是好员工，有许许多多的素质要求——能力、勤奋、主动、正直、负责……但有一点是肯定的，老板更愿意信任那些足够忠诚敬业的人，即使他的能力稍微差一些，而不会重用一个三心二意、没有责任心的人，哪怕他技能一流。当然，既忠实又有能力的员工会更受欢迎。而现实是，少数人需要能力加勤劳，而多数人却要靠忠诚和勤劳。我的建议是，不管你的能力是强还是弱，一定要具备忠诚敬业的品质。只要你真正表现出对公司足够的真诚，你就能得到老板的关注。他也会乐意在你身上投资，给你培训的机会，提高你的技能，因为他认为你是值得他信赖和培养的。忠诚敬业的人无论走到哪里都会得到别人的信赖；无论从事什么样的工作，都会有成功的机会。

我发现那些在公司中能够得到提升的员工，他们看起来好像没有什么苦恼，因为他们只关注如何比别人做得更好，并不会心有旁骛，想着怎样找一个薪水更高的公司。他们思想上没有杂念，心境平和，所以没有情绪上的波动。他们能以一种睿智的眼光认识自己的处境。所以他们理应从工作中得到属于自己的那一份荣耀。

如果把工作比作航行的话，忠诚敬业的人总是坚守着航向,即使有大风大浪,他们也能镇静地掌稳船舵,驶向远海。他们的敬业忠诚不是口头上的,他们忠诚于公司、忠诚于老板;努力地工作;支持老板,为他出谋划策,帮助他完善管理上的不足。朋友的忠诚,在危险时刻最能表现出来。同样,员工对公司和老板的忠诚也是如此——需要在困难的时候经受考验。公司面临危机的时刻,正是检验员工忠诚敬业的时候。在公司危难的时候,忠诚敬业的人总是和老板同舟共济。

相反,那些缺乏忠诚敬业精神的员工,他们的航向一会儿往东,一会儿朝西,他们的许多时间都浪费在寻找工作上,却一次次被拒之于工作的大门外。

你不妨时常问你自己:我忠于公司吗?忠于老板吗?如何能证明我的忠诚呢?

认可公司的运作,由衷地佩服老板的才能,这样你才能获得一种集体的力量,你就会产生一种要和公司一同发展的事业心。即使出现分歧,你也应该树立忠实的信念,求同存异,化解矛盾;即使有悲观失望的时候,你也应该为和谐融洽的环境而努力;即使老板和同事有错误的地方,你也应该坦诚地提出来,帮助他们改正。这样,忠诚敬业会让你的人生变得更加饱满,事业变得更有成就,让你的工作成为一种人生的享受。

忠诚敬业这一美德，可以引导你获得荣耀、名声和财富。它伴随着你，成为一种精神力量，让你有足够的耐心和韧劲面对工作中的烦琐和困难。

忠诚和敬业是相互融合在一起的。忠诚在于内心，敬业在于工作上尽职尽责、善始善终、一丝不苟。将敬业当成一种习惯的人，就能从工作中学到更多东西，积累更多经验。他们会更受人尊重，即使没有取得什么了不起的成就，他们的精神也能感染他人，能引起他人的关注。忠诚敬业的目标就是受到重用和获得无处不在的发展机会，物质上的报酬也会随之而来。

「请记住：如果你忠诚地对待你的老板，他也会真诚对待你；当你的敬业精神增加一分，别人对你的尊敬也会增加一分。」

## 要有容人之量

**宽**容大度是对那些在意见、习惯和信仰方面与你不同的人，表现出耐心和容让的态度。一个拥有宽容美德的人，能够对那些与你观点不一致的人表示友好与接受。

宽容大度是美德、友善、明智与慷慨这些高贵品质的综合体现，不仅对你的个人生活具有很大的价值，而且对你的工作有重要的推动意义。宽容大度也被认为是每一个员工必不可少的品质。但是，却有很多人缺少宽容的心态。

也许你的身边有这种思想贫乏、愚蠢和慵懒的人——或者你自己就是，这种人看到别人发财了，就认为那是幸运；把他人的渊博和聪明机智看作是天分；有人得到升迁就认为是溜须拍马的结果。

这种人不会想到别人的提升是因为每天比他多做了很多；而他们在下班铃声还没有响的时候，早就心猿意马了。别人尽职尽责地完成任务，也不计较做额外的事情，而他们一直要拖到最后的限期，才会把任务赶出来。这就是差别之所在，但因为这种人缺乏宽容之心，所以根本看不到这些。

每个人都有他的长处，为什么不加以学习，补充自己的不足呢？不要吝啬对他人多一些理解和赞美，这样不仅会获得好人缘，还会增强自身的实力，为自己的晋升打下坚实的基础。

的确，总会有那么一些爱出风头的人，声称自己是对公司最忠诚的，于是就吸引了上司的注意力；总会有一些家伙，待在自己的工作岗位上什么也不干，但是却得到和你同样多的赞扬，可事实上工作都是你干的；总会有一些依靠关系被提拔到和你一样位置的人，轻易地得到比你还多的报酬。这时，你一定要有宽容的胸怀，不要嫉妒他们，也不要有什么埋怨。你拥有他们永远不会拥有的东西——知识以及解决问题的方法。这些是你必须付出艰苦工作才能获得的，如果你能够好好利用，它们就可以给你带来更多的机会，让你一步一步攀上成功的顶峰。这是那些从来没有付出这样代价的人永远也无法企及的。

"慷慨大度"似乎是定义在对金钱的态度上，但事实上，正是这种在物质上的不计较，慢慢形成了你乐于为别人献出自己的美德。你不再允许"自我"高高在上，你更愿意让他人先行。结果，事情往往是这样，如果你这样做，别人也会用他的大度和慷慨回报你——你会在成功的路上一路顺畅。

吉米·哈特在担任橄榄球队主教练的时候，有几位出色的助理教练协助他，但他们一年只能拿到9个月的薪水，因此所有的教练都必须靠额外的暑期工作来补贴自己的收入。

在吉米·哈特开始寻找暑期工作之前，他总是要先保证所有的助理教练都找到一份工作。他认识到那些教练对他来说是非常重要的，他慷慨大度地把他人的需要放在第一位。很有意思的是，人们对他这种大度很感兴趣，到最后他找到了最好的暑期工作；而他的助理教练们也以其他形式——赢得许多场橄榄球比赛来回报他。

这简直是一个完美的阐述：做一个慷慨的人献出你自己，美好的事情将降临到你身上。因此，不要害怕你的慷慨大度得不到回报——因为它肯定会有回报。

很多时候，发现别人对你说谎，也许你会怒气冲天，进行严酷的批评和谴责。可是，问问你自己吧！你是不是从来都没有说过谎？也许比别人说的谎还大还多呢！一个人不要只想到宽容自己，轮到评判他人的缺点和过错时，就完全不同了。德国神学家肯比斯说过："我们很少用同样的天平去衡量邻居。"这大概是因为我们更了解自己造成过错的背景，因而比较容易原谅自己的过错。即使我们有时不得不正视自己的过错，我们还是常把注意力集中于别人的过错上。

尝试着把你日常生活中的一言一行以及每一个想法，不管是付诸行动的还是尚未实行的，都记录下来，你会惊讶地发现，同样是人，别人有他的恶，自然也会和你一样有他的善。这样你就应该宽容他人，如同宽容自己一样。

常存善念，胸襟开阔，你才不会憋闷，才会理顺心理的秩序，使思想和行动协调一致。要知道宽容是最好的灵药，让它进入你的脉管，成为你身体的一部分！放下你的憎恶、嫉妒、怀疑、焦虑，糟糕的心态就无法困扰你。即使你恶疾缠身，也不会抱怨不休了。

在宽容大度上，我有很深刻的体验。我以前老是对老板不满意，总觉得他太挑剔。后来，自己做了老板，觉得员工总是不能尽如我心。有的办事效率低下；有的缺乏主动性；有的没有责任感……而事实上，如果能宽容大度设身处地为他人着想，就不会有那么多烦恼了。

如果你是一位秘书，当你的意见被否定时，你尽可以保留自己的意见，心平气和地面对，用不着态度生硬。但往往人们可以轻易地原谅一个陌生人的过失，却对自己的老板和上司耿耿于怀。若你是一名雇员，不妨多考虑一下老板的不易之处。

如果你足够聪明，不要过于计较你和老板之间的利益分配。不是因为他的地位比你高，要知道只有你、老板和公司和谐一体的时候，你的利益才能最大化。也不要和你的同事勾心斗角，友善不需要你付出什么代价，但是你可以凭借它得到很多。宽容大度不仅是一种道德法则，它还是润滑剂，可以让你的工作环境更加和谐。同时，别人也会以同样的美德来回应你。

宽容可以体现你高贵的品格，而批评就像是个危险的导火索，足可以引爆人们心中浮夸的虚荣与自尊，甚至足以置人于死地。天下再笨的人，也懂得批评、咒骂、抱怨他人很少能取得成功。只有学会宽容，做一个品格高尚、能力强的人才有可能成功。

毫无疑问，宽容的人有着极大的包容心。他们可以容忍别人的缺点和毕露的锋芒。我建议你多多地反省、回顾自己：有没有看到别人比自己出色、晋升得快，就对别人冷嘲热讽？同事有了缺点，你是不是有过挖苦，并且到处散播？老板和你意见不一致，你有没有暗暗和他对着干？如果有，你在工作上就无法与他人默契地配合，因此，也就难以得到上司的赏识。

「宽容大度最能够表现出一个人的耐心、明智与深谋远虑。」

## 勤奋刻苦,提升自己

在一个公司里,并不是具有杰出才能的人就容易得到提升,只有那些勤奋刻苦,并有良好技能的人才能得到更多的机会。

公司的管理者总是把勤奋刻苦作为对员工的最好教育。

在工作中,许多人都会有很好的想法,但只有那些在艰苦探索的过程中付出辛勤工作的人,才有可能取得令人瞩目的成果。同样,公司的正常运转需要每一位员工付出努力,勤奋刻苦在这个时候显得尤其重要,而你的勤奋态度会为你的发展铺平道路。

勤奋刻苦是一所高贵的学校,所有想有所成就的人都必须进入其中,在那里可以学到有用的知识,独立的精神也会得到培养。其实,勤劳本身就是财富,如果你是一个勤劳、肯干、刻苦的员工,就能像蜜蜂一样,采的花越多、酿的蜜也越多,你享受到的甜美也越多。

命运掌握在勤勤恳恳工作的人手上,所谓的成功正是这些人的智慧和勤劳的结果。即使你的智力比别人稍微差一些,你的实干也会在日积月累中弥补这个弱势。

实干并且坚持下去是对勤奋刻苦的最好注解。要做一个好的员工，你就要像那些石匠一样，他们一次次地挥舞铁锤，试图把石头劈开。也许100次的努力和辛勤地捶打都不会有什么明显的结果，但最后一击石头终会裂开。成功的那一刻，正是你前面不停地刻苦的结果。

为了达到更好、更大的工作成就——加薪也好，提升也罢，你必须不断地奋斗，而勤奋刻苦地训练专业技能尤其必要。如果你是有志于工作的人，每天都应该把这个问题在自己的心中问上几遍："我勤奋吗？"

勤奋敬业的精神是走向成功的坚实的基础，它更像一个助推器，把你自己推到上司面前。如果有一天你得到了升迁，你应该自豪地对自己说："这些都是我刻苦努力的结果。"

与之相反，懒惰是成功的大敌。你可以问自己：我能靠自己生存下去吗？认真地问自己，不要给自己放宽条件。如果现在觉得你还做不到，那么你必须不懈努力，勤奋刻苦，用自己的实干达到这样的目标。一旦你觉得能靠自己活下去，那么你就是一个有价值的人，但只有一个办法——勤奋。

我见过的许多成功者，他们都有一个共同的特点——勤奋。在这个世界上，投机取巧是走不上成功之路的，偷懒更是永远没有出头之日。

在一般人的眼里，汉弗莱·戴维肯定不能算命运的宠儿。由于出身贫寒，他接受教育和获得科学知识的机会都很有限。然而，他是一个有着真正勤奋刻苦精神的小伙子。当他在药店工作时，他甚至把旧的平底锅、烧水壶和各种各样的瓶子都用来做实验，锲而不舍地追求着科学和真理。后来，他以电化学创始人的身份出任英国皇家学会会长。

年轻的约翰·沃纳梅克每天都要徒步4公里到费城，在那里的一家书店里打工，每周的报酬是1美元25美分，但他勤奋刻苦的精神让人感动。后来，他又转到一家制衣店工作，每周多加了25美分的工资。从这样的一个起点开始，他勤奋刻苦地工作，不断地向上攀登，最终成为了美国最大的商人之一。1889年，他被哈里森总统任命为邮政总局局长。

即使你在从事最平凡的劳动，只要你着手工作了，你的整个灵魂必将化为一种真实的和谐！疑虑、欲念、忧伤、懊悔、愤怒、失望等所有都将不存在，于是一切也就平和而安宁。

农业是一个很平凡的行业，但在罗马，人们却非常地尊敬农民，那些凯旋回来的士兵和将军都要去务农。这个国度推崇勤劳的品质，罗马人把勤奋和功绩作为他们的箴言，甚

至连古罗马皇帝临终前留下来的遗言竟然都是"让我们勤奋工作!"

「成功需要刻苦地工作。作为一名普通的员工,你更要相信,勤奋是检验成功的试金石。即使你天资一般,只要勤奋工作,就能弥补自身的缺陷,最终成为一名成功者。」

## ◎ 勇于追求卓越

你有没有因为在公司里不受重用，而不满意自己的工作？这个时候，你是愤愤地递给老板辞职书，说明要辞职不干了，还是做点其他的事呢？

我建议你先问一下自己：为什么我不能得到重视呢？你可以好好地熟悉公司的一切业务技巧、商业文化和公司组织，甚至学会怎么修理打字机的小故障，然后再向老板提出你的辞职要求。

如果你已经超越了自己原本的能力，老板还不重用你，而得不到重用的原因也的确不在你，那么，你再决定辞职、一走了之，这样不是更有收获吗？你用了别人的装备，做免费学习的材料，就像在一所不错的学校接受教育，却不用付学费一样。

但我确信，到那个时候，老板一定会对你刮目相看，委以重任、晋升、加薪都会纷至沓来。当初你能力不足却不努力学习，对于他来说，没有追求的员工只能默默无闻地混下去，他没有把你解雇，已经是他的仁慈了。当你努力有所成绩时，他当然会对你刮目相看了。

只知抱怨老板的态度，却不反省自己的能力，不追求卓越，是不会在工作中享有荣誉的。如果你回头来看，就会很惊讶地发现，以前你没有受到重用，是因为你没有追求卓越。实际上，你的老板是很有眼光的，关键看你怎样要求自己，把自己定位在什么水平上。

在这个世界上，有太多的员工自以为地位太卑微，别人所有的种种成就，都是不属于他的，都是他不配享有的；自以为自己是不能与那些伟大人物相提并论的，别人是做大事的，自己却永远只能做小事，成功的机会总是很渺茫。

这种自卑自贱的观念，往往成为不求上进、自甘堕落的主要原因。有了这种卑贱的心理后，当然就不会有精益求精的想法了。许多青年人，本来可以做大事、立大业，但实际上一直在做着小事，过着平庸的生活，原因就在于他们自暴自弃，没有远大的理想，不具有坚定的进取心，不愿意追求卓越。

在公司中，很多人都以为自己做得已经足够好了。真的是这样吗？你真的已经做得尽善尽美了吗？你真的已经发挥了自己最大的潜能了吗？

兰迪·劳伦斯现在是一家公司的老板，可他以前只是一名推销员。他奋起的源泉是他在一本书上看到的一句话：每

个人都拥有超出自己想象十倍以上的力量。在这句话的激励之下,他反省自己的工作方式和态度,发现自己错过了许多可以和顾客成交的机会。于是,他制定了严格的行动计划,并付诸实践到每一天的工作当中。两个月后,他回过头看看自己的进展,发现业绩已经增加了两倍。数年以后,他已经拥有了自己的公司,在更大的舞台上检验着这句话。

造物主赋予我们每个人一种突出的才能,也许你有管理的才能、绘画的天赋、写作的悟性、思考的资质等。无论你的才能是什么,你都不要把自己藏起来,你应该积极地把你的才能发掘出来并发挥得淋漓尽致。

事实上,面对激烈的竞争,你应该不断地超越平庸、追求完美,你需要制定一个高于他人的标准。罗文在送信给加西亚的时候,为自己设定了一个比他人更高的标准:不推脱、不敷衍、尽全力。这样的人是一种异常优秀的人,他们不仅仅会做别人要求他们做的,而且会出人意料地做得非常完美。

尚可的工作表现人人都可以做到,只有不满足于平庸,才能追求最好,你才能成为不可或缺的人物。没有人可以做到完美无缺,但是,当你不断增强自己的力量、不断提升自己的时候,你对自己要求的标准会越来越高,这本身就是一种收获。

我不得不告诉你这句话：如果你是一个渴望得到重用的员工，如果你希望让你的老板觉得你是不可取代的，一定要从内心决定做第一。这样在你的意识中你会有信心做到完美，你的个性也才会真正成熟起来。

那些自甘沉沦，不追求超越，懒得提高自己能力的员工是不会有所进步的。而你的工作水平没有提高和进步，你的上司也绝不会给你升职和奖励。

追求卓越像是一块坚强厚重的磨石，它会砥砺你，把你的工作带到最完美的境界。也许十全十美永远难以企及，但是，只要你是在不停地追求，你就不会在原来的起点原地踏步。一开始也许你只是一个实习生，后来做秘书，然后是主管，而这一切都是建立在不断追求卓越的基础之上的。如果你真正拥有这种品质，你还可以自己当老板。为什么你只能做别人正在做的事情？为什么你不可以超越平庸呢？

有无数人因为养成了轻视工作、马马虎虎的习惯以及对手头工作敷衍了事的态度，终致一生处于社会底层，不能出类拔萃。

「超越平庸，选择完美。这是一句值得每个人铭记一生的格言。」

## 迎难而上，坚持不懈

**在**你选择放弃或者逃避的时候。你的老板已经暗下决心："放弃这个员工，他不行！"

困难总是横挡在我们通往成功的道路上。如果说事业的发展和人生的机遇是一个百宝箱，困难则是一把锁，那么坚韧则是打开这把锁的钥匙。

在成功的道路上，没有任何东西比坚持不懈的意志更重要。那些得到重用并且成为某一领域权威的人士，无一不是秉性坚韧的。他们也许并不具备聪明灵活的头脑，也许没有和蔼可亲的态度，但肯定缺少不了坚韧的个性。

一旦你具备了坚韧的个性，即使没有受到老板的青睐，也不会沮丧。坚持不懈的精神能使体力者不厌恶劳动，使劳碌者不觉疲倦。它所产生的力量源源不断，如能加以控制和引导，就能变成一种执着，提高自己对挫折的忍受力。

想想你自己吧！当你看到他人成就斐然，而自己始终一无所获时，是否会倍感沮丧，自觉平庸？真正有韧性的人，能将悲观情绪抛在脑后，不断进取。

一位大学教授在分析美国历史进程时对我说:"其实,美国人之所以能够成功,很大程度上是因为他们竭尽全力、毫不惧怕失败的结果。他们也曾经遭遇过失败,但是失败了从头再来,而他们的个性越发坚韧。"

那种追根究底、不达目的绝不罢休的精神,正是他们最大的力量来源。但是,今天的美国人却做事浮躁,这一点已是世界公认。凡事求快的个性,同时也是一个缺点,使他们变成全世界最没有耐心的人。

在商场上也是一样,人们往往太过于急功近利,要求在最短的时间内签约成交,结果时常不能从容地全面衡量。由于我们缺乏耐心,急着想要"得手",而极有可能把重要的优势,拱手让给愿意稍作等待的对手。

耐心需要特别的勇气,对一个理想或目标全身心地投入,而且要不屈不挠,坚持到底。就像勃朗宁所说:"有勇气改变你能够改变的,愿意接受你无法改变的,并且明智地判断你是否有能力改变。"因此,追求人生目标的决心愈坚定,你就愈有耐心和韧性克服阻碍。我所谓的耐心,是指动态的而非静态的,主动的而不是被动的,是一种主导命运的力量,而不是向环境屈服。

有一位推销员，在为公司推销日常用品。有一天，他走进一家小商店里，看到店主正忙着扫地，他便热情地伸出手，向店主介绍和展示公司的产品，然而对方却毫无反应，默然地望着他。

推销员一点也不气馁，他又主动打开所有的样品向店主推销，他认为，凭自己的努力和推销技巧一定会说服店主购买他的产品。但是，出乎意料的是，那店主却暴跳如雷起来，用扫帚把他赶出店门。

推销员却没有愤怒和放弃，他决心要查出这个人如此恨他的原因。于是，他就去询问其他推销员，了解那个店的情况。终于他了解了店主对他不满的理由了，原来是因为他的前一任推销员推销不当遗留下来的问题。由于前任推销的失误，使得那个店主存货过多，积压了大批资金。

这个推销员疏通了各种渠道，重新做了安排，请求一位较大的客户以成本价买下他的存货。不用说，他受到店主的热烈欢迎。这个推销员靠自己坚持不懈的精神，不断地寻找突破逆境的途径。

在人的修养中，坚持不懈是很重要的一个品质，如果你没有恒心和毅力的话，就会无法忍受挫折和失败，甚至在生活的道路上刚一迈步，就会被逆境打倒。

作为一个员工，如何培养耐心？很简单，只要你确定自己的工作计划和目标，并且投入你的热忱。你想要加薪，就积极地努力，忍受漫长的工作时间和烦琐的工作细节。你需要旺盛的雄心，不要半途而废，否则，你前面的努力都是白费。

执着于你的目标，你就会拥有达成目标所需的耐心和勇气。有一位清苦的农民，给了我很大的震动。他的生活本来就不富裕，更加让他痛苦的是他又受到了瘫痪的打击。可是，他的意志力量战胜了身体的不幸。他的坚持不懈给他的生活带来了新的转机。他忍受着生活的艰辛，开始思考怎样创造财富。最后，他决定把农场改为生产香肠的场地。后来，他的产品几乎家喻户晓。

你知道如何将明显的劣势转化为机遇吗？对待自己的弱势和不足，你不能视而不见或坐在那里祈求上天保佑，期待发生转机。正视你的缺点，行动起来，将它们转化为优势，所有这些不是心灰意冷能做到的，只有靠坚强和韧性才能克服。

「只有坚持不懈，你才能是赢家。」

## 常怀一颗感恩的心

雇用和被雇用诚然是一种契约关系，但同时也是合作的关系。可以说，没有老板也就不会有你的工作机会，从某种意义上说，老板是有恩于你的。

虽然通过个人的勤奋和吃苦耐劳能出色地完成工作，但同时应该承认，在一个人的人生历程中，接受来自别人的帮助也是很重要的。受助和施助看起来是矛盾的，但高尚的依赖和自立自强又是统一的，一个优秀而谦虚的人往往乐于承认和接受别人的帮助。

许多成功的人都说他们是靠自己的努力而成功的。然而，无论自己的行为是多么的明智和完美，都不能不对别人心存感激。只有对别人感激才是明智的，没有感激是不能构成完美的。静下心来想想，你的每次行动，哪一次没有别人的帮助？如果你是员工，你的工作是老板提供的；你用的工作设备、文件纸张等都是别人提供的；你是编辑，所引用的资料和信息都是作者的……只要你肯稍许谦逊，你就会发现你身边有许多意料之外的支持，你难道不应该时刻感谢别人的恩惠吗？

感恩是美丽的字眼，它不花一美元，只要你虔诚地给予，这项投资会给你带来意想不到的收获。你的人格魅力会罩上谦逊的光彩；你无穷的智慧将被源源不断地挖掘出来；它还可以开启你神奇的力量。

现在越来越多年轻的职员，常常满怀牢骚，抱怨这个不对，那个不好。在他们眼里只有自我，视恩义如杂草，他们贫乏的内心不知道什么是回报。工作上的不如意，似乎是教育制度的弊端造成的；老板和上司的种种言行都是压榨。正是那种纯粹的商业交换的思想造成了许多公司老板和员工之间的矛盾和紧张关系。

你接受老板给你的工作，得到薪水；他靠你正常运转经营，你们各取所得，彼此互相依存。可以说，没有老板也就不会有你的工作机会，从这个意义上来说，老板是有恩于你的。那么为什么不告诉老板，感谢他给你机会呢？感谢他的提拔，感谢他的努力。为什么不感激你的同事呢？感激他们对你的理解和支持，还有平时你从他们身上学得的知识。

如果这样做，你的老板也会受这样一种高尚纯洁的品质的感染，他会以具体的方式来表达他的感激，也许是更多的工资、更多的信任和更多的机会。你的同事也会更加乐于和你友好相处。

把感恩的话说出来,并且经常说出来,有一个最大的好处就是可以增强公司的凝聚力。看看那些训练有素的推销员,遭到拒绝后,他们仍然感谢顾客耐心地聆听自己的解说,这样他就有了下一次惠顾的机会!

即使老板批评了你,也应该感谢他给予的种种教诲。记住,永远都需要感谢!

永远不要觉得感恩是溜须拍马和阿谀奉承。与迎合他人表现出的虚情假意不同的是,感恩是真诚的,是自然的情感流露,没有什么功利性,是不求回报的。你完全没有必要惧怕他人的流言蜚语,更无须刻意地疏远老板。坦荡的感激,是清白最好的证明。你的老板有足够的聪明,会注意到你的感激是发自肺腑的。你的感激对他来说是一种认同和支持,同时也是一种鼓励。

在我做了老板后,当员工流露出感恩的态度时,我总是心中暗喜。我在别人手下做事和任何老板相处时,我总是主动和他们靠得近一点。我发现他们很高兴我这样做,他们也从心底感谢我!

不过,感恩并不仅仅有利于公司和老板。对于个人来说,感恩带来的是富裕的人生,只知道受恩则表明你的贫乏。即使你的努力和感恩并没有得到相应的回报,也不必抱怨自己什么都没有得到。同样心怀感激之情吧!你从事过的工作,已经给了你许多宝贵的经验与教训。这样工作起来,你就不是在承受压力,而是在享受一种动力带来的愉快、自然的心情。

不仅要做到不以怨报德,还要知恩图报。将这种感恩回报到工作中,你不但会因为自己是公司的一员而感到欣喜,还会因此而更加忠诚、勤奋地工作。

得到了晋升,你要感谢老板的独具慧眼,感谢他的赏识;失败的时候,你不妨对上帝给了你一次锻炼的机会而心存感激。

对于忘恩负义的人来说,别人的帮助往往是感觉不到的。但是,你若要在工作中得到更多,就应该时刻记住:你拿的薪水就像你吃的水,即使挖井人不图你的回报,你也应该有感恩的态度,至少在适当的时候表达你的感谢。最终你会发现,这种知恩图报美德的回报大大超出了你的想象。

「懂得感恩应该成为一种普遍的社会道德。」

## 使自己变得不可替代

如果你能找到更有效率、更经济的办事方式,你就能提升自己在老板心目中的地位。老板会邀请你参加公司决策会议,你将会被调升到更高的职位,因为你已变成一位不可取代的重要人物。

一位成功学家曾聘用一名年轻女孩做助手,替他拆阅、分类信件,薪水与相关工作的人相同。有一天,这位成功学家口述了一句格言,要求她用打字机记录下来:"请记住:你唯一的限制就是你自己脑海中所设立的那个条条框框。"

她将打好的文件交给老板,并且深有感悟地说:"你的格言令我深受启发,对我的人生大有价值。"

这件事并未引起成功学家的注意,但是,却在女孩心中烙上了深深的印记。从那天起,她开始在晚饭后回到办公室继续工作,不计报酬地干一些并非自己职责内的工作——譬如替老板给读者回信。

她认真研究成功学家的语言风格,以至于这些回信和自己的老板一样好，有时甚至更好。她一直坚持这样做，并不在意老板是否注意到自己的努力。终于有一天，成功学家的秘书因故辞职，在挑选适合人选时，老板自然而然地想到了这个女孩。

在没有得到这个职位之前已经身在其位了，这正是女孩获得提升最重要的原因。当下班后，她依然坚守在自己的岗位上，在没有任何报酬承诺的情况下，依然刻苦锻炼，最终使自己有资格接受更高的职位。

故事并未结束。

这位年轻女孩如此优秀，引起了更多人的关注，其他公司纷纷提供更好的职位邀请她加入。为了挽留她，成功学家多次提高她的薪水，与最初当一名普通速记员时相比已经高出了4倍，对此，做老板的也无可奈何，因为她不断提升自我价值，使自己变得不可替代了。

无论你目前从事哪一项工作，每天一定要使自己获得一个机会，使你能在平常的工作范围之外，从事一些对其他人有价值的服务。在你主动提供这些帮助时，你应当了解，自己这样做的目的并不是为了获得金钱上的报酬，而是为了训练和培养更强烈的上进心。

你必须先拥有这种精神,然后才能在你所选择的终身事业中,成为一名杰出的伟大人物。

你能给自己最好的推荐就是以正确的心态提供最优质的服务。别人对你的看法相当重要,只要这些看法和你对自己的期望不谋而合。如果你被认定是一个积极、有重要贡献的人,你就会备受欢迎。同事们会重视你,顾客会欣赏你。如果你能保持这些优点,你的老板也会肯定、奖励你。虽不能一夕成功,却也绝无永远失败的顾虑。

优秀人才总是为社会所需要。"适者生存"的法则并不是仅仅建立在残酷的优胜劣汰基础上,而是基于公平正义,是绝对公平原则的一部分。若非如此,美德如何能发扬光大?社会又如何能取得进步?那些思虑不周、懒惰任性的人与那些思虑缜密、勤奋的人相比有着天壤之别,根本无法并驾齐驱。

一位朋友告诉我,他的母亲告诫每个孩子:"无论未来从事何种工作,一定要全力以赴、一丝不苟。能做到这一点,就不会为自己的前途担心。世界上到处是散漫粗心的人,那些善始善终者始终是供不应求的。"

许多人无法养成一丝不苟的工作态度和作风,原因在于贪图享受、好逸恶劳;背弃了将本职工作做得完美无缺的原则。不久前,我观察到一位努力恳求终获高薪要职的女性。她才上任短短几天,便开始高谈阔论想去"愉快地旅行"。月底,她便因玩忽职守而遭解雇。

「正如两物无法在同一时间占据同一位置一样,被享受占据的头脑是无法专心求取工作的完美表现的。」

## 热忱是工作的灵魂

成功与其说取决于人的才能，不如说取决于人的热忱。

我欣赏那些怀有满腔工作热情的人。热忱可以借由分享来复制，而不影响原有的程度，它是一项分给别人之后反而会增加的资产。你付出的越多，得到的也会越多。生命中最巨大的奖励并不是来自财富的积累，而是由热忱带来的精神上的富足。

当你兴致勃勃地工作，并努力使自己的老板和顾客满意时，你所获得的利益就在增加。在你的言行中加入热忱吧！热忱是一种神奇的要素，吸引具有影响力的人，同时也是成功的基石。

诚实、才干、友善、忠于职守、淳朴——所有这些特征，对准备在事业上有所作为的年轻人来说，都是不可或缺的，但是更不可缺少的是热忱——将奋斗、拼搏看作人生的愉悦和荣耀。

发明家、艺术家、音乐家、诗人、作家、英雄、人类文明的先驱、大企业的缔造者——无论他们来自什么种族、什么地区，无论在什么时代——那些引导着人类从野蛮社会走向文明的人们，无一不是充满热忱的人。

如果你不能使自己的全部身心都投入到工作当中去，无论做什么工作，都可能沦为平庸之辈。你无法在人类历史上留下任何印记。做事马马虎虎，只能在平平淡淡中了却此生。如果是这样，你的人生结局将和千万的平庸之辈一样。

热忱是工作的灵魂，甚至就是生活本身。年轻人如果不能从每天的工作中找到乐趣，仅仅是因为要生存才不得不从事工作，仅仅是为了生存才不得不完成职责，这样的人注定是要失败的。

当年轻人以这种状态来工作时，他们一定犯了某种错误，或者错误地选择了人生的奋斗目标，使他们在天性所不适合的职业上艰难跋涉，白白地浪费着精力。他们需要某种内在力量的觉醒，应当被告知，这个世界需要他们做最好的工作，我们应当根据自己的兴趣把各自的才智发挥出来，根据各人的能力，使它增至原来的10倍、20倍、100倍。

从来没有什么时候像今天这样，给满腔热情的年轻人提供了如此多的机会！这是一个年轻人的时代，世界让年轻人成为真与美的阐释者。大自然的秘密，就要由那些准备把生命奉献给工作的人、那些热情洋溢地生活的人来揭开。各行各业，人类活动的每一个领域，都在呼唤着满怀热忱的工作者。

热忱是战胜一切艰难困苦的超能力，它使你保持清醒，使全身所有的神经都处于兴奋状态，去做你内心渴望的事；它不能容忍任何有碍于实现既定目标的干扰。

著名音乐家亨德尔年幼时，家人不准他触碰乐器，不让他上学，哪怕是学习一个音符。但这一切对他没有什么干扰。他在半夜里悄悄地跑到隐密的阁楼上去弹钢琴。莫扎特孩提时，每天要做大量苦工，但是到了晚上他就偷偷地去教堂聆听风琴演奏，将他的全部身心都融化在音乐之中。巴赫年幼时只能在月光下抄写学习的东西，连点一支蜡烛的要求也被蛮横地拒绝了。当那些手抄的资料被没收后，他依然没有灰心失望。同样，皮鞭和责骂反而使儿童时代充满热忱的奥利·布尔更专注地投入到他的小提琴曲中去。

没有热忱，军队就不能打胜仗，雕塑就不会栩栩如生，音乐就不会打动人心，人类就没有驾驭自然的力量，给人们留下深刻印象的雄伟建筑就不会拔地而起，诗歌就不能触动人的心灵，这个世界上也就不会有慷慨无私的爱和奉献。

热忱使人们拔剑而出，为自由而战；热忱使樵夫大胆地举起斧头，开拓出人类文明的道路；热忱使弥尔顿和莎士比亚拿起了笔，在树叶上记下他们燃烧着的思想。

"伟大的创造，"博伊尔说："离开了热忱是不可能实现的。这也正是一切伟大事物激励人心之处。离开了热忱，任何人都算不了什么；而有了热忱，任何人都不可以小觑。"

热忱，是所有伟大成就的取得过程中最具有活力的因素。它融入了每一项发明、每一幅书画、每一尊雕塑、每一首伟大的诗、每一部让世人惊叹的小说或文章当中。它是一种精神力量。它只有在更高级的力量中才会发出来。在那些为个人的感官享受所支配的人身上，你是不会发现这种热忱的。它的本质就是一种积极向上的力量。

最好的劳动成果总是由头脑聪明并具有工作热情的人完成的。在一家大公司里，那些吊儿郎当的老职员们嘲笑一位年轻同事的工作热情，因为这个职位低下的年轻人做了许多自己职责范围以外的工作。然而不久他就被挑选出来，当上了部门经理，进入了公司的管理层，令那些嘲笑他的人瞠目结舌。

成功与其说取决于人的才能，不如说取决于人的热忱。这个世界为那些具有真正的使命感和自信心的人大开绿灯，

从来没有什么时候像今天这样,给满腔热情的年轻人提供了如此多的机会。

到生命终结的时候，他们的热情依然不减当年，无论出现什么困难，无论前途看起来是多么的虚无，他们总是相信能够把心目中的理想图景变成现实。

热忱，使我们的决心更加坚定；热忱，使我们的意志更加坚强！它给思想以力量，促使我们立刻行动，直到把可能变成现实。不要畏惧热忱，如果有人愿意以半怜悯半轻视的语调把你称为狂热分子，那么就让他这么说吧。一件事情如果在你看来值得为它付出，如果那是对你的努力的一种挑战，那么就把你能够发挥的全部热忱都投入到其中去吧，至于那些指手画脚的议论，则大可不必理会。谁笑到最后，谁才笑得最好。成就最多的，从来不是那些半途而废、冷嘲热讽、犹豫不决、胆怯怕事的人。

一个人要是把他的精力高度集中于他所做的事情（他是如此虔诚地投入其中），是根本没有工夫去考虑别人的评价的，而世人也终究会承认他的价值。

对你所做的工作，要充分认识到它的价值和重要性，它对这个世界来说是不可或缺的。全身心地投入到你的工作中去，把这种信念深深植根于你的头脑之中！

记得有两位伟人如此警告说："请用你的所有，换取对这个世界的理解。"

我要这样说:"请用你的所有,换取满腔的热情。"

「就像美一样,源源不断的热忱,使你永葆青春,让你的心中永远充满阳光。」

## 好好省察自己的内心

只要我们能够时常进行自我检讨,而不是一遇到麻烦事就找借口推搪责任,我们就能树立起正确的工作态度,逐渐成长为公司里最优秀的员工。

在研究员工找借口心理的时候,我试着将他们为什么找借口的原因罗列了一下,在我看来,不外乎以下几种:

(1) 丧失对工作的兴趣

(2) 因为懒惰

(3) 对老板心怀不满

(4) 把工作当成苦役

(5) 抱着得过且过的心态

这些情况也有共通的地方,比如说,有的人是一直懒惰,有的人则是因为对工作不感兴趣而懒惰。这些毛病会吞噬人的心灵,使心灵中对那些勤奋之人、成功之人充满嫉妒。

那些思想贫乏的人、愚蠢的人和慵懒的人只注重事物的表象,无法看透事物的本质。他们只相信运气、机缘、天命之类的东西。看到人家发财了,他们就说:"那是幸运。"看到他人知识渊博、聪明机智，他们就说："那是天分。"发现有人德高望重、影响广泛，他们就说："那是机缘。"

他们不曾亲眼看见那些人在实现理想过程中经受的考验与挫折；他们对黑暗与痛苦视而不见，光明与喜悦才是他们注意的焦点；他们不明白没有付出非凡的代价、没有不懈的努力、没有克服重重困难的勇气和决心，是根本无法实现自己的梦想的。

在他们看来，我为公司干活，公司付我一份报酬，等价交换，仅此而已。有的人甚至逃避工作，却心安理得地拿薪水。他们看不到工资以外的东西，毫无责任感，这对他们自己来说是非常有害的，迟早将面临被淘汰的境地，甚至没有人愿意再聘用他们。

假使一个人身体上有了疾病，他就会去找医生，好好检查一下，把它医治好。而如果我们的心灵上犯了卑劣、愚蠢的毛病，那就该服一帖有力的心药来治愈它。

有一个小孩走到杂货店的自动电话亭里，因为电话亭的门没有关好，所以店员可以听到他的话："几天前，你们不是在报上登广告要招聘一个男孩子吗？……噢，已经找到了？……这个孩子的工作还合适吗？……谢谢你！再见！"

那个店员看见那孩子走出电话亭，就说："运气很坏吧，没有得到这份工作。"那孩子说："你想错了，三天前我已经获得这份工作。我只是想知道，他们对我满意不满意。"

有一位布道家对我说，他拿起一篇以前讲过的布道词来读，可是还没有读完，就觉得愈来愈读不下去了。于是又拿起另外一篇，也觉得平淡无奇，有点不对劲。后来他才发现，原来自己的见解已经幡然改观，仿佛河床已经改道，无怪乎重读旧日的布道词，感到篇篇都不入眼了。

有一位太太写信给我，对我说，她的婚姻曾濒于破裂，但最终挽回了。原来，她总是指责丈夫的不是。可是，有一天她坐下来，自己责问自己："假使丈夫的女秘书走了，他会很不方便。假使丈夫丧失了一两位知友，他会很伤心。可是如果我走了，他有什么损失呢？我只不过是一个自私自利的寄生虫！"

经过如此忠实的自我检讨，终于把即将破裂的婚姻挽救了回来。

假使我们能够时常这样检讨自己，这就是一种很健康的态度。

我永远忘不了几年以前，当我在英国时，有一位老年人告诉我他如何省察自己的经历。他很温柔，也很明智，他大概感到我很关心他，很羡慕他的风度，所以毫不隐瞒地诉说自己的过去。

"几年以前，我的脾气还很性急易怒，碰到什么事不对劲，就唠唠叨叨发脾气，控制不住自己。这真是不可救药了。因此我的身体和事业，都弄得一塌糊涂。我自己固然痛苦，旁人也跟着受累。"

"有一天，我跳出了自己的躯壳，仿佛抓小猫小狗一样，一把抓住了自己的颈项，对自己说：'看清你自己，你只是一个平凡的愚人！'如果我们说自己的弟兄是愚人，那是一种罪恶。可是我对自己说：'你是愚人！'是应得的报应。我又对自己说：'假使你所信奉的宗教、失败的经验与常识，都不能治愈自己唠唠叨叨的毛病，那么这些东西还有什么用呢？对自己又有什么好处呢？'"

"总之，我给自己吃了一种医治愚人的药，而这种药竟发生了奇效。我决定要运用自己的全部意志力来制服自己的坏脾气。说实在的，我已经很久不再烦躁和忧虑了。它到底使我产生了多大的变化，对他人到底增进了多少快乐，这是无法诉说的。"

只要我们自己稍加注意，拉住自己颈项上的皮，提起来，就像一位老长辈那样认真训诫自己，不仅可以使我们少做残暴的事，而且还可以不去做许多愚蠢的事。

在工作中也是如此，只要我们能够时常进行自我检讨，而不是一遇到麻烦事就找借口推脱责任，我们就能建立起正确的工作态度，逐渐成长为公司里最优秀的员工。还有比这更鼓舞人心的事情吗？

「任何人都要经过不懈努力才能有所收获。收获的成果取决于这个人努力的程度，没有机缘巧合这样的事存在。」

## 你是自己最大的敌人

你是否曾经觉得自己就是自己最大的敌人？许多人都有这样的经历，不论做什么事，结果往往不能如愿以偿。出了问题，也只好责怪自己。但是，正如你是自己最大的敌人一样，你也可能成为自己最好的朋友。

当你具备了某种品德，能接纳自己，心灵也日益变得成熟起来，你就会欣喜地发现你已经成为自己最亲密的朋友了。树立一个长远的目标，并着手培养自己的能力，修正自己的错误。当你开始行动时，你就会了解到真正支持你迈向成功之路的人，正是你自己。

西方有句名言："一个人的思想决定他的为人处世。"此语概括了人生的全部含义，道尽了人间百态。人内心的思想可以通过言行举止不折不扣地反映出来，所有思想都汇集在一起，便形成了其独特而丰富的人格品质。

如果说，行为是思想绽放的花朵，那么快乐与痛苦就可以被看作思想结下的果实。因此，收获快乐还是痛苦，全部取决于自己的思想。思想造就一个人的个性，一念之间往往决定一生的命运。如果人心包藏歪念，痛苦便会接踵而至，犹如车轮一样辗过；如果心诚意正，快乐便会永远陪伴左右，如影相随。

人类是自然造化的产物，并非依靠权谋投机取巧成长。如同万物因果循环一样，思想同样包含种因得果的道理。

高尚人格的形成不是凭借个人的爱好和机遇，而是纯正思想的自然结果，是长期心存善念的回报。同样的道理，自私蛮横的人格可以说是心怀不轨长久积累的后果。

有一个潦倒落魄的人，非常想让自己糟糕的境遇有所改变，然而在工作上他却偷奸耍滑，应付了事。他认为自己的薪资太少，在工作上偷懒是应该的。这样的人并不懂得改变处境的方法，他的自私懒惰、自欺欺人的想法，不仅无法使其摆脱贫穷，而且还会使自己深陷于困苦之中。

这个故事说明了这样一个道理：自身是造成所处境地的原因（虽然人们平时并没有意识到）。一些人一方面展望其美好的人生目标；另一方面却不断抱怨自身的处境，将所有原因全部归咎于他人，因此失败的例子比比皆是。人只要真正懂得思想的巨大作用，环境就不会成为失败的借口了。

对工作的态度一旦发生改变，工作的处境也会随之改变。增强内心信念，丰富自己的学识，让自己置身于更富有挑战性的环境中，就能获得更多的机会。

一定要记住，什么事都要努力去做，千万不要以为可以脚踩两条船，想将所有的便宜占尽，因为这样做即使取得了成功，也一定是短暂的，很快就会失去。

如同学生必须先掌握一门功课，才能接着学习下一门课程一样，在拥有你梦寐以求的丰硕成果之前，你需要先充分发挥自己的才能。因为如果滥用、忽略或低估我们的能力，即使我们天赋的能力再强，也会慢慢减弱，因为我们的所作所为不配拥有这样的能力。

「除了自己，没有任何人可以打败你，使你沮丧消沉。」

## 主宰自己的思想

思想既可以作为武器,摧毁自己,也能作为利器,开创一片无限愉快、坚定与祥和的新天地。

凯斯特是一名普通修理工,生活虽然勉强过得去,但离自己的理想还差得很远。有一次,他听说底特律一家维修公司招工,决定前去试一试,希望能够换一份待遇较高的工作。他星期日下午抵达底特律,面试时间定在星期一。

吃完晚饭,他独自一人坐在旅馆房间里,不知怎么回事,他想了很多,把自己经历过的事情都在脑海中像放电影似的回想了一遍。突然间他感到一种莫名的担忧:自己并非一个智力低下的人,为什么至今依然一事无成、毫无作为呢?

接着他取出纸笔,写下四位自己认识多年、薪水比自己高、工作比自己好的朋友的名字。其中两位曾是他的邻居,已经搬到高级住宅区去了,另外两位是他以前的老板。他扪心自问:和这四个人相比,除了工作比他们差以外,自己还有什么地方不如他们?聪明才智吗?凭良心说,他们实在不比自己高明多少。

经过很长时间的思考和反思,他终于悟出了问题的症结所在——自我性格情绪的缺陷。在这一方面,说实话,他不得不承认自己比他们差很多。

虽然已是凌晨3点钟,但他的头脑却异常清醒。觉得自己第一次看清了自己,发现了自己过去很多时候不能控制自己的情绪,易冲动、自卑,不能平等地与人沟通交际等等。

整个晚上,他都坐在那儿进行自我检讨。他发现自从懂事以来,自己就是一个极不自信、妄自菲薄、不思进取、得过且过的人。他总是认为自己无法面对,也从不认为能够改变自己的性格缺陷。

于是,他痛下决心,从此以后,绝不再有自己不如别人的想法,绝不再贬低自己,一定要完善自己的情绪性格,弥补自己的不足。

第二天早晨,他满怀信心前去面试,被顺利录取了。在他看来,之所以能得到那份工作,与前一晚的沉思和醒悟让自己多了份自信关系不浅。

在走马上任的两年内,凯斯特逐渐树立起了好名声,人人都认为他是一个乐观、睿智、积极、热情的人。随之而来的经济不景气,使得个人的情绪因素受到了考验。而这时,凯斯特已是同行业中少数可以获得生意的人之一了。公司进行调整时，分给了凯斯特数目可观的股份，并且给他加了薪水。

从凯斯特身上，我们可以看到，并非所有的成功都来自你的思想，更重要的是发现自己的劣势与不足，完善自己的性格情绪。只有这样，才能在事业中不断前进，实现自己的梦想。

人只要选择正确的思想并且坚持不懈，就能达到完美的境地；如果满脑子都是邪思歪念，则只能沦为鼠蚁之辈。在这两极中间，存在着各种个性的人，每个人都是自己人格的创造者与生命的主宰者。

作为思想的主人，人们拥有力量、智慧与友爱，掌握一把能够应对任何处境的万能钥匙。人拥有的这把钥匙自身就有一种能蜕变和再生的装置，并借此实现人们的愿望。

即使处于一种十分悲惨的境遇，人们仍然能够主宰自己——即使在这种情况下，他是一个不能正确支配自己的愚蠢主宰。如果他能开始反思自己所处的境况，并努力地寻找种种人生处世道理的话，就能脱胎换骨，成为能够巧妙引导能力与思想直至获得成功的智者。

人只有察觉到其内在的思想规则,才能成为如此"明智"的主宰,而这需要专注、自我分析与经验的功夫。

许多人会主动改善自己所处的环境,却没想到要完善自我,于是他们的环境仍然没有改变。那些勇于接受命运考验的人,总能实现自己心中的目标,这个道理放之四海皆准。即使人生唯一的目标就是获取财富,也必须付出很多,那么试想一下,成功的人生又要做出多大的牺牲呢?

「一个人成功与否都掌握在自己手中。思想既可以作为武器,摧毁自己,也能作为利器,开创一片无限愉快、坚定与祥和的新天地。」

## 不做自己心灵的奴隶

很多人觉得自己在公司里受到老板和上司的压榨和奴役，可事实并非如此，真正压榨和奴役他的不是老板和上司，而是他自己。这些人整天抱怨，说自己像一个奴隶一样被人驱使，于是，他的内心渐渐产生了这种低人一等的心态，最终真正变成了一个奴隶。

应该培养高贵的品性，这样就能使自己超越奴隶的层次。在抱怨自己是他人的奴隶之前，先看看你是否是自己的奴隶吧。

反省自我，敢于正视自己的心，不要对自己放宽要求。你一定会发现，你的内心隐藏着很多猥琐的思想和欲望以及不加思考就听从的习惯或者行为，这些东西在你平时的行为中比比皆是。

不要抱怨被老板所压榨。如果你也变成老板，能肯定不压迫别人吗？不要忘了永恒的法则是公平的，今天压迫别人的，日后一定会遭受压迫，绝对不会有例外的。

努力摆脱自私与狭隘的思想，去追求无私和永恒的高尚境界。摆脱自己是受害者的错觉，试着去深入了解自己的内心，你就会进一步认识到，摧毁自己的其实就是你自己。

不久前，我应邀前往一家大公司去参加年会，并在会上发表演说。会上有一位老人当场宣布退休，公司董事长首先站起来做一次例行讲话，说一些哈利先生对我们公司多么有价值、有贡献以及现在他要退休，我们对他多么怀念的话。

庆祝大会结束后，哈利先生好像被人遗忘了一样，他用手背轻轻地触了我一下，对我说："你是否能给我30分钟的时间，我想跟你聊聊，顺便发泄一下我心中的郁闷。"

我无法拒绝这样的请求，于是带着他来到自己下榻的旅馆里，点了一些饮料和三明治。

"在公司待了那么多年，你可谓是劳苦功高，今天晚上能光荣退休，真是一个值得纪念的日子呀。"我打开话题，然而哈利先生却说道："今天我并不快乐，我真是不知道该怎么说才好，这是我一生中最伤心的夜晚。"

"为什么？"我问道。我想要使他认为我很吃惊，其实我心中并不吃惊。

"今晚我只是坐在那里面对我惨痛的一生而已。我感到自己一事无成彻底失败了。"

"你准备做些什么？"我问道，"你现在才65岁而已。"

"还能做什么,我将要搬到老人村里去了,住在那里直到老死为止,我有一笔不菲的退休金以及社会保险金,这些钱足够我养老了,"他很痛苦地说,"我希望这样的日子很快就来临。"

我们陷入了沉默,然后他从口袋中取出今晚才拿到的退休纪念表,说道:"我想把这件礼物丢掉,我不希望留下这些痛苦的记忆。"

渐渐地,哈利先生开始放松下来,他继续说道:"今天晚上,当乔治先生(该公司的董事长)起身致辞时,你可能无法想象我当时多么悲伤。乔治先生和我一起进入公司,但是他很上进,节节攀升,我却不同。我在公司领到的薪水最高不过7250美元,而乔治先生却是我的10倍,还不包括种种红利以及其他福利在内。每当我想起这件事,我总是在想乔治先生并不比我聪明多少,他只是不怕吃苦,经得起磨炼,能完全投入工作,而我没有做到这一点。公司内外都有很多机会,我只要努力就可能获得晋升的,例如我在公司待了五年后,有一次公司要我去南方管理分公司,但是我自己因为感到无能为力而拒绝了,每次当这种绝好的机会到来时,我总是找一些借口来推托。现在,我退休了,一切都已经过去了,我什么也没有得到,往事不堪回首啊。"

在哈利的一生中,他一直游移不定,没有任何目标可言。他惧怕真正地面对生活,害怕挺身而出、承担责任,活着只是虚度年华。

哈利先生像无数人一样,终其一生将自己桎梏在心理奴隶的牢笼之中。这种奴隶并不限于某一种类型的工作:在办公室中、在商店里、在农场上以及每一个地方,我们都会发现这种奴隶存在。

这些现代的奴隶都是他们自己的选择,而不是被其他人强迫去当奴隶的。他们之所以会选择当奴隶,是因为他们不知道如何获得解脱,获得自由。

「真正压榨和奴役你的不是老板和上司,而是你自己。」

# 附录I 1899年首版《把信送给加西亚》原文

## A MESSAGE TO GARCIA

I

N all this Cuban business there is one man stands out on the horizon of my memory like Mars at perihelion. When war broke out between Spain & the United States, it was very necessary to communicate quickly with the leader of the Insurgents. Garcia was somewhere in the mountain fastnesses of Cuba—no one knew where. No mail nor telegraph message could reach him. The President must secure his co-operation, and quickly.

What to do!

Some one said to the President, "There's a fellow by the name of Rowan will find Garcia for you, if anybody can."

Rowan was sent for and given a letter

The President needed a man and found one.

## A MESSAGE

**He delivered the message.**

to be delivered to Garcia. How "the fellow by the name of Rowan" took the letter, sealed it up in an oil-skin pouch, strapped it over his heart, in four days landed by night off the coast of Cuba from an open boat, disappeared into the jungle & in three weeks came out on the other side of the Island, having traversed a hostile country on foot, and delivered his letter to Garcia, are things I have no special desire now to tell in detail.

The point I wish to make is this: McKinley gave Rowan a letter to be delivered to Garcia; Rowan took the letter & did not ask, " Where is he at ? "

**The Moral.**

By the Eternal! there is a man whose form should be cast in deathless bronze and the statue placed in every college of the land ✄ It is not book-learning young men need, nor instruction about this and that, but a stiffening of the vertebræ which will cause them to be

loyal to a trust, to act promptly, concentrate their energies: do the thing—
"Carry a message to Garcia!"

General Garcia is dead now, but there are other Garcias.

> There are other Garcias.

No man, who has endeavored to carry out an enterprise where many hands were needed, but has been well nigh appalled at times by the imbecility of the average man—the inability or unwillingness to concentrate on a thing and do it.

Slip-shod assistance, foolish inattention, dowdy indifference, & half-hearted work seem the rule; and no man succeeds, unless by hook or crook, or threat, he forces or bribes other men to assist him; or mayhap, God in His goodness performs a miracle, & sends him an Angel of Light for an assistant. You, reader, put this matter to a test: You are sitting now in your office—six clerks are within call. Summon any

| | A MESSAGE |
|---|---|
| **4** | |
| Where is the En- cyclope- dia ? | one and make this request: "Please look in the encyclopedia and make a brief memorandum for me concerning the life of Correggio."<br>Will the clerk quietly say, "Yes sir," and go do the task?<br>On your life he will not. He will look at you out of a fishy eye and ask one or more of the following questions:<br>Who was he?<br>Which encyclopedia?<br>Where is the encyclopedia?<br>Was I hired for that?<br>Don't you mean Bismarck? |
| What's the mat- ter with Charlie doing it ? | What's the matter with Charlie doing it?<br>Is he dead?<br>Is there any hurry?<br>Shan't I bring you the book and let you look it up yourself?<br>What do you want to know for?<br>And I will lay you ten to one that after you have answered the questions, and |

## TO GARCIA

explained how to find the information, and why you want it, the clerk will go off and get one of the other clerks to help him try to find Garcia—and then come back and tell you there is no such man ❧ Of course I may lose my bet, but according to the Law of Average, I will not.

❧ Now if you are wise you will not bother to explain to your "assistant" that Correggio is indexed under the C's, not in the K's, but you will smile sweetly and say, "Never mind," and go look it up yourself.

And this incapacity for independent action, this moral stupidity, this infirmity of the will, this unwillingness to cheerfully catch hold and lift, are the things that put pure Socialism so far into the future. If men will not act for themselves, what will they do when the benefit of their effort is for all? ❧
A first-mate with knotted club seems

*I wasn't hired for that, anyway!*

## A MESSAGE

necessary; and the dread of getting "the bounce" Saturday night, holds many a worker to his place.

Advertise for a stenographer, and nine out of ten who apply, can neither spell nor punctuate—and do not think it necessary to.

Can such a one write a letter to Garcia?

"You see that book-keeper," said the foreman to me in a large factory.

"Yes, what about him?"

"Well, he's a fine accountant, but if I'd send him up town on an errand, he might accomplish the errand all right, and on the other hand, might stop at four saloons on the way, and when he got to Main Street, would forget what he had been sent for."

Can such a man be entrusted to carry a message to Garcia?

We have recently been hearing much maudlin sympathy expressed for the

*Who wants a man like this?*

# TO GARCIA

"down-trodden denizen of the sweat-shop" and the "homeless wanderer searching for honest employment," & with it all often go many hard words for the men in power.

♣ Nothing is said about the employer who grows old before his time in a vain attempt to get frowsy ne'er-do-wells to do intelligent work; and his long, patient striving with "help" that does nothing but loaf when his back is turned. In every store and factory there is a constant weeding-out process going on ✄ The employer is constantly sending away "help" that have shown their incapacity to further the interests of the business, and others are being taken on. No matter how good times are, this sorting continues, only if times are hard and work is scarce, the sorting is done finer—but out and forever out, the incompetent and unworthy go. It is the survival of the fittest. Self-

*The weeding-out process.*

interest prompts every employer to keep the best—those who can carry a message to Garcia.

I know one man of really brilliant parts who has not the ability to manage a business of his own, and yet who is absolutely worthless to any one else, because he carries with him constantly the insane suspicion that his employer is oppressing, or intending to oppress him. He cannot give orders; and he will not receive them. Should a message be given him to take to Garcia, his answer would probably be, "Take it yourself, and be damned!"

To-night this man walks the streets looking for work, the wind whistling through his thread-bare coat. No one who knows him dare employ him, for he is a regular fire-brand of discontent. He is impervious to reason, and the only thing that can impress him is the toe of a thick-soled No. 9 boot.

*This man says times are scarce.*

## TO GARCIA

Of course I know that one so morally deformed is no less to be pitied than a physical cripple; but in our pitying, let us drop a tear, too, for the men who are striving to carry on a great enterprise, whose working hours are not limited by the whistle, and whose hair is fast turning white through the struggle to hold in line dowdy indifference, slip-shod imbecility, and the heartless ingratitude, which, but for their enterprise, would be both hungry & homeless ❦

Have I put the matter too strongly? Possibly I have; but when all the world has gone a-slumming I wish to speak a word of sympathy for the man who succeeds—the man who, against great odds, has directed the efforts of others, and having succeeded, finds there's nothing in it: nothing but bare board and clothes.

I have carried a dinner pail & worked

*A spiritual cripple.*

*A word of sympathy for the man who succeeds.*

for day's wages, and I have also been an employer of labor, and I know there is something to be said on both sides. There is no excellence, per se, in poverty; rags are no recommendation; & all employers are not rapacious and high-handed, any more than all poor men are virtuous.

**Rags not necessarily a recommendation.**

My heart goes out to the man who does his work when the "boss" is away, as well as when he is at home. And the man, who, when given a letter for Garcia, quietly takes the missive, without asking any idiotic questions, and with no lurking intention of chucking it into the nearest sewer, or of doing aught else but deliver it, never gets "laid off," nor has to go on a strike for higher wages. Civilization is one long anxious search for just such individuals. Anything such a man asks shall be granted; his kind is so rare that no employer can afford to let him go. He

**Good men are always needed.**

## TO GARCIA

is wanted in every city, town and village—in every office, shop, store and factory  The world cries out for such: he is needed, & needed badly—the man who can carry a message to Garcia.

So here then endeth "A Message to Garcia" as done into a booklet by the Roycrofters at the Roycroft Shop, that is in East Aurora, New York, U. S. A.

*Needed to-day & needed badly—a man!*

## 附录Ⅱ 安德鲁·罗文与本书

在美国陆军史上,安德鲁·罗文上校创造了一个可歌可泣的奇迹——把信送给加西亚。

安德鲁·罗文,弗吉尼亚人,1881年毕业于西点军校。作为一名军人,他与美国陆军情报局一起完成了一项重要的军事任务——把信送给加西亚,后来被授予杰出军人勋章。

立功之后,罗文上校曾服役于菲律宾,因作战勇猛而屡受嘉奖。退役之后,他在旧金山度过了余生,于1943年1月10日逝世,享年85岁。

罗文上校的英勇事迹通过《把信送给加西亚》一书以不同的方式在世界范围内广泛流传,成了敬业、服从、忠诚、勤奋的象征。《把信送给加西亚》一书也因为罗文上校的英勇事迹而成为有史以来最畅销的书籍之一。

《把信送给加西亚》一经出版就赢得了非同寻常的称赞,被人广为称颂,这是作者始料未及的。

故事中的英雄,那个送信的人,也就是安德鲁·罗文,是美国陆军一位年轻的中尉。当时正值美西战争爆发前夕。

美国总统麦金莱急需一名合适的特使去完成一项重要的任务，于是，军事情报局推荐了安德鲁·罗文。

在孤身一人没有任何保护的情况下，罗文中尉立刻出发了，一直到他秘密登陆古巴岛，古巴的爱国者们派给他几名当地的向导，他才摆脱孤身前进的情形。关于那次冒险经历，罗文中尉不无谦虚地说："不过是受到了几名敌人的包围，然后设法从中逃出来，并把信送给了加西亚将军而已。"这是何等的谦虚和幽默！

当然，实际也存在很多意想不到的偶然因素促成了送信的成功；但是个人的努力以及年轻中尉迫切希望完成任务的勇气和不屈不挠的精神才是促成其成功的必然因素。为了表彰他的贡献，美国陆军总司令为他颁发了奖章，并且高度称赞他说："你的事迹绝对是军事战争史上最具冒险性和最勇敢的。"

这一点当然毫无疑问，但人们更应该意识到，罗文取得成功最重要的因素并不是因为他杰出的军事才能，而在于他优良的道德品质。因此，罗文中尉将永远为人们所铭记。

本书所推崇的关于敬业、服从、忠诚、勤奋的观念影响了一代又一代人！

## 附录III　哈伯德商业信条

我相信我自己！

我相信自己所售的商品！

我相信我所在的公司！

我相信我的同事和助手！

我相信美国的商业方式！

我相信生产者、创造者、制造者、销售者以及世界上所有正在努力工作的人们！

我相信真理就是价值我相信愉快的心情，也相信健康！

我相信成功的关键并不是赚钱，而是创造价值！

我相信阳光、空气、菠菜、苹果酱、酸乳、婴儿、羽绒和雪纺绸!

请记住,语言中最伟大的单词就是"自信"!

我相信自己每销售一件产品,就交上了一个新朋友!

我相信当自己与一个人分别时,一定要做到当我们再见面时,他看到我很高兴,我见到他也愉快!

我相信工作的双手、思考的大脑和爱的心灵!

**作者** | 阿尔伯特·哈伯德
Elbert Hubbard
1856—1915

阿尔伯特·哈伯德，纽约东奥罗拉 Roycrofters 公司创始人。作为一位坚强的个人主义者，哈伯德终生坚持不懈、勤奋努力地工作。然而，其事业的辉煌随着 1915 年被德国水雷击沉的路西塔尼亚号轮船一同沉入海底。这一切，结束得太早了。

1856 年，哈伯德出生在美国伊利诺伊州的布卢明顿，其出生地后来因 Roycrofters 公司所出版、印刷、发行的优质出版物而闻名于世。在 Roycrofters 公司工作的日子里，阿尔伯特·哈伯德出版了两本杂志：《非士利人》和《兄弟》。实际上，杂志中许多文章都是出自于哈伯德的手笔。在写作、出版的同时，哈伯德还致力于公众演讲，他在演讲台上所取得的成就不亚于写作和出版方面的成绩。

**慢读**　慢读识堂奥·重读悟世界

## 把信送给加西亚

| 策　　划 | 斯坦威图书 | 装帧设计 | 杜　帅 |
| 执行策划 | 陈显英　肖　宇 | 责任印制 | 谭佳宾 |
| 责任编辑 | 何　方 | 出 品 人 | 申　明 |

微信公众号_ 斯坦威 STANDWAY 图书